U0734806

别人觉得
为时已晚的时候，
恰恰是你
最好的机会

BIEREN JUEDE WEISHIYIWAN DE SHIHOU
QIAOQIA SHI NI ZUIHAO DE JIHUI

亦成 著

民主与建设出版社
·北京·

图书在版编目(CIP)数据

别人觉得为时已晚的时候，恰恰是你最好的机会 / 亦成著.
-- 北京：民主与建设出版社，2016.8（2024.6 重印）
ISBN 978-7-5139-1251-8

Ⅰ.①别… Ⅱ.①亦… Ⅲ.①成功心理—通俗读物
Ⅳ.①B848.4-49

中国版本图书馆CIP数据核字(2016)第204444号

别人觉得为时已晚的时候，恰恰是你最好的机会
BIEREN JUEDE WEISHIYIWAN DE SHIHOU，QIAQIA SHI NI ZUIHAO DE JIHUI

著　者	亦成	
责任编辑	刘树民	
装帧设计	李俏丹	
出版发行	民主与建设出版社有限责任公司	
电　话	（010）59417747　59419778	
社　址	北京市海淀区西三环中路10号望海楼E座7层	
邮　编	100142	
印　刷	永清县晔盛亚胶印有限公司	
版　次	2016 年 11 月第 1 版	
印　次	2024 年 6 月第 2 次印刷	
开　本	880mm×1230mm　1/32	
印　张	8.5	
字　数	180千字	
书　号	ISBN 978-7-5139-1251-8	
定　价	58.00 元	

目录 CONTENTS

当你觉得为时已晚的时候，
恰恰是最好的机会

目录

你的努力，是为了有更好的选择

CONTENTS

我在路上，不曾停下脚步

目录

如果没有那次相遇，有多少时光挥霍

CONTENTS

即使在尘埃里，也要把梦想高举

目录

就算你飞不起来，
前进的路上总会留下你的脚印

当你觉得
为时已晚的时候，
恰恰是最好的机会

不要总去想还能活几年，而是想还能做些什么

旧的结束等于新的开始，

只要你有努力的激情，

那么任何时候都不会是为时已晚。

当你觉得为时已晚的时候，
恰恰是最好的机会

觉得为时已晚的时候，恰恰是最好的机会。

有人说，世界上最长的是时间，最短的也是时间。说它长，是因为它永无止境；说它短，是因为它转瞬即逝。所以，很多人都为时间的流逝而惊恐。在他们眼中，时间匆匆走过，而自己所拥有的只是短暂的一瞬间。

很多朋友告诉我说，他们经常觉得时间不够用，觉得自己已经错过了利用时间的好时机，很多事情还没来得及做，时间就已经过去了。因此，他们常常感到无论自己做什么事，都为时已晚，都已经来不及。但是，他们不知道，有些时候，事情的本质并不像你所想的那样，很多觉得为时已晚的时候，恰恰却是最早的时候。我的看法是，只要你真的想做，只要你有做事的激情，那么任何时候都不会晚。我一直很欣赏建筑师安曼，在他的身上，我就看到了一种力量，一种决心，一种不因年老而放弃事业的勇气。

安曼曾经是纽约港务局的工程师，工作多年后按规定退休，虽然他并不情愿。开始的时候，他很是失落，因为毕竟年龄已大，很多事情再做怕是来不及，但他很快就高兴起来，因为他有了一个伟大的想法。他想创办一家自己的工程公司，要把办公楼开到全球各个角落，要实现自己的梦想，创造建筑史上的奇迹。

离开条件优厚的港务局后，安曼不同于其他人，他没有选择用养老金安度晚年，相反却觉得自己创作的黄金时代才刚刚开始。安曼开始一步一个脚印地实施着自己的计划，设计的建筑遍布世界各地。

在退休后的 30 几年里，他实践着自己在工作中没有机会尝试的大胆和新奇的设计，不停地创造着一个又一个令世人瞩目的经典：埃塞俄比亚首都亚的斯亚贝巴机场；华盛顿杜勒斯机场；伊朗高速公路系统；宾夕法尼亚州匹兹堡市中心建筑群……这些作品被当作大学建筑系和工程系教科书上常用的范例，也是安曼伟大梦想的见证。86 岁的时候，他完成最后一个作品——当时世界上最长的悬体公路桥——纽约韦拉扎诺海峡桥。

在安曼看来，旧的结束等于新的开始，只要你有努力的激情，那么任何时候都不会是为时已晚。

生活中，很多事情都是这样，如果你愿意开始，认清目标，打定主意去做一件事，全力以赴、坚持不懈，那么即使你是一息尚存，也永远不会晚。很多在哈佛读书的人，都津津乐道于这样一个真实的故事。我在听了这个故事后，也深受启发。

美国老人莱伯曼在他74岁退休以后，有6年的时间经常去一所老人俱乐部下棋来消磨时光。一天，他发现往常那位棋友因身体不适，不能来陪他下棋了，他很是失望。

看到老人这个样子，热情的办事员建议他到画室去转一圈。老人听了哈哈大笑："让我做画？我从来没有摸过画笔啊。"

办事员笑着说："那不要紧，试试看嘛！说不定您会觉得很有意思呢！"

那一年，莱伯曼80岁，第一次摆弄起画笔和颜料。从那以后，他开始每天去画室画画。提起画笔后的莱伯曼并不因为年岁已高而把绘画当做一项单纯的消遣活动，他全身心地投入，进步很快。

81岁那年，老人参加了一个专为老年人开办的10周补习课的绘画班。课程结束时，老人对任课教师、画家拉理弗斯抱怨说："您对每个人都讲这讲那，对我却只字不说。这是为什么呢？"拉理弗斯回答说："先生，因为您所做的一切，连我自己都做不到，我怎敢妄加指点呢！"最后，教师还出钱买下了老人的一幅作品。

从此，莱伯曼更加勤奋了。4年后，老人的作品先后被一些著名收藏家购买，并进了不少博物馆。

1977年，莱伯曼101岁了。这年的11月，洛杉矶一家颇有名望的艺术品陈列馆举办了第22届展览，题为："莱伯曼101岁画展。"有400多人参加了开幕式，其中不少是收藏家、评论家和新闻记者。

在开幕仪式上，莱伯曼对嘉宾们说："我不说我有101岁的年纪，而是说我有101年的成熟。我要向那些到了60、70、80或90岁就自认为上了年纪的人表明，这不是生活的暮年。不要总去想还能活几年，而是想还能做些什么。着手干些事，这才是生活！"

你为什么总是没有好机遇

[1]

我们好像常常听到这样的话。

"隔壁邻居老王家，其实他儿子也没啥本事，他们不就是赶上了好时候多买了几套房么，但是现在日子过得滋润的，收收房租就比别人辛苦上班还赚的多，他们其实也就是赶上了好时候而已。"

"我那个大学同学，就没正经上过班，研究炒股投资什么的，他也就是正赶上了那个时候股市的黄金时期，那时候炒股，连菜市场大妈都赚钱好不好。"

"张阿姨家儿子当年也就是读了个很一般的大学，但是人家赶上了互联网大潮啊，那时候谁要去什么阿里巴巴啊，听听名字就不是什么好单位，他也就是赶上了，结果马云一上市，他儿子瞬间就财务自由了。真是赶上了好时候啊。"

然后，也常常听我们父母那一辈说这样的话。

"我们当年就是没有机会，哪里有你们这样好的条件，连考大学的机会也没有，那些比我们小的，后来恢复高考后，他们真是赶上了好时候。"

但是，他们也从来都没有提到过，他们的同学们，也有一直在努力念书，从来没有放弃过，等到恢复高考第一年，就顺利考上了大学。

[2]

为什么别人，在该买房的时候买了房，该炒股的时候炒了股，该下海的时候去了深圳，该投身互联网大潮的时候去了阿里巴巴，而如今投资人有的是钱就是缺项目的时候，他们又刚好创了业？

驻外圈也有句经典的自嘲段子。很多驻外的人，无论是外交官，还是援建的建筑工人，都会感慨，一个人漂泊在外，孤苦伶仃，然而多挣的一些钱，还不够房价涨的呢！

仿佛我们普通老百姓，或者说自认为不投机倒把，想要靠自己的双手勤劳致富的良民，永远都赶不上好时候一样。

[3]

最近在美国，加州永远都是阳光灿烂。闲来在圣地亚哥的海边跑步，某一天突然好像找到了答案。

圣地亚哥海边有很多冲浪的人。男男女女，老老少少都有。拿着冲浪板的时候都特别帅气。

经常能看见把冲浪板放在一边，自己面朝大海做着简单的伸展，准备活动的姑娘，转眼间，就冲入海浪里，站在浪尖上，随着海浪，起起伏伏。

每一次被更高的浪花吞没，下一秒又能看到她站在下一个浪尖上。

在巴西的时候，也有很多冲浪的人。但是我始终觉得巴西的海边太美，虽然是大西洋，却和加勒比海边一样。蓝绿色的大海，像宝石一样耀眼夺目，然后你再看它的浪花，竟也显得温柔随性。在巴西海岸线上冲浪的人，就像是表演艺术体操一样，蓝天，碧海，和冲浪的帅气小伙，像一副绝美的油画。

但圣地亚哥的海边，大平洋是深深浅浅的蓝色，海浪很大个，说不上汹涌，但特别有力量。在圣地亚哥海边，你能感觉到冲浪是一种竞技运动。和艺术体操不一样，在这里，冲浪是竞技体育。

竞技体育的美在于它是一项激烈的运动，让旁观者也能一下子被激起肾上腺素，让人看了跃跃欲试。

但是，在海边跑步的我，这个念想也就是一闪而过。然后就被接二连三的所谓"理智"给打败了。

冲浪？

别开玩笑了！我连游泳都不会。

但我又转念想，那么那些会游泳的小伙伴们怎么也不敢去冲浪呢？

我问了他们，他们说，他们不敢。

[4]

不会游泳的意思是，我没有这项冲浪所必需具备的基础技能。

都还谈不上冲浪所需要的高级技能。会游泳，只能保证你具备在海里不沉下去的技能。你只有具备了这项基础技能，你才有资格开始学习冲浪这项需要更多技能的运动。

就像很多公司的招聘启事里写，需要你能说流利的英语。但不代表你英语流利就能胜任他们的职位了，这只是一项基础技能，你一旦不具备，那么你连简历关都过不了。

而会游泳的小伙伴，他们说，因为他们不敢。

不敢是什么意思呢？

冲浪是一项有风险的运动，在需要大量的基础技能加高级技能以外，也需要很大的勇气。有风险的意思是，你掌握不好平衡，有可能会被海浪吞噬，最小的风险是喝几口海水，而大海毕竟不是个大的游泳池，在大海里冲浪是真刀真枪的，当然你也有淹死的风险。

面对风险，很多时候，我们不敢跨出那一步。

想要离开稳定但鸡肋的事业单位，我们不敢，因为我们不敢去到一个胜者为王，市场竞争的环境里，一条柔弱的小鱼，还是待在游泳池里吧，温水游泳池，虽然看得见周围四方的天，四面的墙，但是有固定的饲料，游泳池里的小鱼，缺少很多在大海里生存的基础技能。

想要离开高薪的工作自己去创业，我们不敢，因为我们不敢去到一个你死我活的商场，再也没有五百强的光环，没有优渥的出差条件，和五星级酒店，商务舱说再见。我们贪恋温暖，我们惧怕风险。

[5]

可是这个世界上没有一种生活，既新鲜刺激，又没有丝毫的风险。都是高风险，高回报。没有一种工作既能够朝九晚五，又能够浪迹天涯。

道理都懂，而我们为什么依然瞻前顾后，依然唯唯诺诺，依然想要改变，却跨不出那第一步？

因为我们不会游泳，因为我们不敢去冲浪。

确实只有这两种。

要不就是因为我们没有技能，要不就是我们没有勇气。

技能和勇气，缺一不可。

那些早早买房的隔壁老王们，他们不仅仅是赶上了好时候，也因为那个时候，他们就有了原始积累，并且有了投资的眼光，他们选择了有风险的投资，而不是储蓄。

那些改革开放后，下海赚到第一桶金的商人们，他们不仅仅是赶上了好时候，也因为那个时候，他们自己有本事有能力，并且有勇气有魄力，辞去了大锅饭的工作，只身下海。

那些赶上互联网大潮的年轻人，他们不仅仅是赶上了好时候，也因为那个时候，他们有着聪明的头脑，编程的技术，并且他们敢于踏入一个一开始并没有那么被看好的新兴行业。

总有人永远都站在时代的浪尖上，一个大浪过去，也许打得人仰马翻，但下一个浪花到来的时候，他们又骄傲地站在了浪尖上。

我们羡慕他们，嫉妒他们，我们说，他们不过是赶上了好时候，这也许是我们最无力的自嘲。

因为你发现，那些会游泳，并且足够勇敢的人，他们一直都站在浪尖上。

最勇敢，最能干的人，才能看到最美的风景。

最好的机会，你总会遇到

1932 年，我大学毕业，当时决定试着在电台找份工作，然后设法去做一名体育播音员。我搭便车去了芝加哥，敲开一家家电台的门——但每次都碰了一鼻子灰。在一个播音室里，一位很和气的女士告诉我，大电台是不会冒险雇用一名毫无经验的新手的。"再去试试，找家小电台，那里可能会有机会。"她说。我又搭便车回到了伊利诺斯州的迪克逊。虽然迪克逊没有电台，但我父亲说，蒙哥马利·沃德公司开了一家商店，需要一名当地的运动员去经营它的体育专柜。由于我在迪克逊中学打过橄榄球，于是我提出了申请。那工作听起来正适合我，但我仍然没能如愿。

我失望的心情一定是一看便知。"最好的机会总会到来。"母亲提醒我说。父亲借车给我，于是我驾车行驶 70 英里来到了特莱城。我试了试爱荷华州达文波特的 WOC 电台。节目部主任是位很不错的苏格兰人，他叫麦克阿瑟。他告诉我说他们已经雇用了一名播音员。当我离开他的办公室时，受挫的郁闷心情一下子发作了。我大声问道："要是不能在电台工作，又怎么能当上一名体育播音员呢？"

我正在那里等电梯，突然听到了麦克阿瑟的叫声："你懂橄榄球吗？"接着他让我站在一架麦克风前，叫我凭想象播一场比赛。前一年秋天，我所在的那个队在最后 20 秒以一个 65 码的猛冲击败了对方。在那场比赛中，我打了 15 分钟。

　　麦克阿瑟告诉我，我将选播星期六的一场比赛。

　　在回家的路上，就像自那以后的许多次一样，我想到了母亲的话："如果你坚持下去，总有一天你会交上好运。并且你会认识到，要是没有从前的失望，那是不会发生的。"

什么时候开始都不算晚

去年以来我内心一直都有个小疙瘩。我有很多事想做，但是总是有一个声音轻轻地说："现在做是不是太晚了？"

我周遭有很多优秀的人，当然也包括豆瓣上认识的，很多都是年龄很小就展现出很强的自律性和非凡才华的人，每次跟他们交流，或是看他们的日记和作品，内心那个声音就会变得越来越响。"我是不是已经年龄太大了啊？再努力都不会有结果了啊"。

这个声音困扰了我超过半年，我还是很认真地做要做的工作，也很认真地生活着，但是这种声音始终都无法散去。一直到上二周，我跟暖手去公公婆婆家吃饭，我公公很认真地跟我商量说："水湄，我想出去帮人摄影，你帮我做点广告怎么样？"

我公公年轻的时候遇到上山下乡，去农场做了几年的劳力，遇到政策回来读社会大学，然后去学校当了老师。最开始是去一个职业技术学校，遇到的学生什么五花八门的都有。文革期间，学生打老师简直是平常事，但是我公公的班上从来没有过。然后就是拼命学习业务知识，认真讲课，屡次在教学公开课上获奖，然后就被挖角去了重点中学，还是教语文。

所以我公公就周末出去补课（上海人俗称"背猪猡"），他是重点中学的老师，还参与高考阅卷。最重要的是，他的课实在讲得好。靠着业务过硬，公公大人在学校里从来不用参与任何拍马溜须工作，靠着补课的外快，他也没有太大的经济负担。

但是，勤劳的天性和最初对贫穷的恐惧，让他从开始补课到退休那一天，几乎从来没有休息过一个完整的周末，最强劲的时候，他每个周末要补8次课，上午一场，下午两场，晚上一场。有一年他骑助动车遭遇车祸，大腿根严重骨裂。手术后第四天，照样去补课，连医生都吓得够呛。

说得有点离题了。总之我公公在工作上，极其认真负责，他生性乐观幽默，喜欢游山玩水，喜欢电影和音乐，但是因为工作，没有太多的时间来对待这些爱好。

然后就是，他退休了。

退休之后，还是有大批的学生找来补课，他仍然要花很多时间，但至少是有一些自己的时间了。于是去老年大学学了摄像。

我公公在这方面有些天分，又认真。一天坐在电脑前面剪辑6到8个小时是常事，然后迅速蹿红成他们那个班的明星学员，老师每堂课都要拿他的习作做范例。然后下课回来他又逼自己学习新技术，然后又是每天6到8个小时在电脑前练习

然后就是毕业了，市老年大学的毕业汇报请他去拍摄剪辑，

大获好评。然后就是他跟我说，"我打算出去帮人拍摄（时髦的话就是摄像工作室），你帮我做点广告吧"。

听公公讲这句话的时候我非常感慨，他其实不缺钱，但他觉得出去帮人拍摄能促使自己不断进步，他已经完全不满足跟老年大学摄像班的几个低水平（他觉得）的同学比较了，他要把自己的能力拿到市场上去检验，希望能对自己有更高的提高。

我立即对纠缠自己半年多的声音感到深深的惭愧了。我明白了，什么时候开始都不算晚，根本没有一件事是"太晚了"的。50岁，也可以找到真爱；60岁，也可以开始创业；70岁开始爬珠峰也不是不可能。

然后我看了一本书——《悠游100年》，作者是个老头叫赵慕鹤，40当学校工友；75岁当背包客，畅游英德法；95岁考上研究所；98岁拿到硕士毕业，名列吉尼斯纪录；100岁他的书法被大英图书馆收藏；101岁在香港办书法展，成为畅销书作者！活着必须创造奇迹！什么时候开始都不算晚！

我爹妈和公婆下个月结伴去新疆，20天啊！上天已经无法阻止这帮老头老太太疯啦！等回来了就轰轰烈烈把工作室弄起来啊！

改变命运，坚持才是唯一途径

〜〜〜

　　她出生在一个贫穷的农民家庭里，十二岁读小学五年级的上学期时辍学。因为一直喜爱文学，没事的时候，她就找出父亲旧箱子里的藏书，捧在手上贪婪地阅读。

　　在她十六岁那年，姐姐为了生活，决定外出打工。那天，她望着姐姐瘦弱的身子背着一个比她还要沉重的包，艰难地走出田间小道，一股忧伤涌上心头。要不是家里穷，几亩薄田维持不了生计，姐姐也不用出去受苦。她暗暗责备自己没用，不能为家里分担一点负担。

　　一天，她在读完箱子里的最后一本书后，突然萌生了一个念头：为什么光看别人的书，自己不写呢？说不定写出来，能改变自己的命运呢。从那天起，她拿起了笔。

　　一个只有小学五年半学历的小女孩打算写书，这是一件多么不可思议的事呀。有人说她不自量力，也有人说她写十年也不会有什么结果，还有她的家人也百般反对。面对种种压力，她选择了坚持。

　　由于文化基础太差，一下笔就遇到了许多困难。有不会写的字，不懂的词，她就去查字典。一本几代人用过的《新华字典》被她翻烂了。

山里人农活多，她总是利用空闲时间，伏在窗前的破缝纫机上写作。稿子写了一摞又一摞，装订得整整齐齐的手稿有一尺多厚。由于没有电脑，她每写一部小说都要经过多次修改和誊写，一部30万字的小说，要抄写100多万字。

父母被她坚持不懈的精神打动，从反对到全面支持她。

经过三年的努力，她终于完成了第一部武侠小说。她试着往出版社投稿，可是由于武侠市场萎缩，这部花了无数心血完成的作品最终遭到了埋没。

姐姐听说这件事后，劝她写一些小稿。于是，她试着给一家杂志投了一篇爱情短文，半个月后，稿子被退了回来。原因是：不符合杂志风格。

父母手头拮据，没有多余的钱给她提供纸笔，她便偷偷地跑到垃圾堆里拣废品，买来最便宜的草纸，用刀子裁成一张张的纸片，装订成本子。夏天，家里没电扇，她被蚊子咬得满身是包；冬天没有取暖器，两只手冻得像包子。有一次，在裁纸的时候，她还不小心被刀子划伤，流了很多很多的血……

寒来暑往，转眼五年过去，她凭着顽强自学和常人难以想象的毅力，创作了七部长篇小说，字数达到两百多万。可是由于乡村信息闭塞，写出的手稿一直没有找到婆家，她苦心创作多年，仍然一无所获。村里人都笑她做白日梦，有的还劝她早点谈个朋友嫁了算了。

然而，她不甘心成为等嫁、等死的"二等"人，她想做些有价值的事。她认为，虽然写书还没获得什么效益，但至少做自己喜欢的事，也是一种享受。

面对别人的冷嘲热讽，她也悲伤过，绝望过，可是想到辛苦了这么多年，在梦想还没有实现之前，绝不能轻言放弃。

无数次投稿失败，使她认识到手写稿的落后。于是，她进入了武汉一所比较便宜的电脑学院学打字。

她报的是计算机中级班，班上几十名学员大都是读过中专或者大学的，她是唯一的"小学生"。因此，在学习上她与别人有很大的差距。刚开始，她连二十六个英文字母都不会。经过几个日夜不眠不休，她才背熟字母和字根。一个月后，电脑老师公布全班同学的学习情况。别人每分钟打 40 多个字，而她每分钟只能打 15 个字。她意识到，自己该努力了，绝不能白白浪费有限的时间和父母的血汗钱。从那天起，她非常刻苦。每天一上机，一双手就在键盘上飞舞。累了她也不歇，坐得腰酸背痛，也不起来活动一下。晚上休息的时间，她还用一个硬纸盒做成键盘的样子，在上面画上键位，双手不停地练习。结业那天，她以每分钟 117

个字的速度赢得全班学生和电脑老师的赞赏，光荣离校。

她原想打年把工，买台电脑再创作。然而，家里突然写信来说，父亲的腿摔伤，需要人照顾，她只好辗转回乡，继续用笔创作。虽然写作路上清贫而艰苦，可她矢志不渝。

皇天不负苦心人，一年后，她迎来了一位出版社编辑的约稿，试着投了一部反映打工者生活的作品，两个月过去，她终于接到该书审查通过，准予出版的好消息。

书出版后，得到了社会各界的关心。人们赞誉她是"改变命运的典范"，说她的精神值得学习。该区的一把手还亲自送了一台电脑鼓励她继续创作。现在的她，通过自身的努力走出了乡村，在大城市取得了一份不错的工作。

这个人就是鄂州市农民女作家陈家怡。她之所以能实现梦想，是因为她坚持走自己的路，把别人的打击当做创作的动力，其锲而不舍的精神十分可贵。如果之前她遇到困难就放弃了，将一辈子碌碌无为，永远也尝不到甘甜的果实。所以说，不管做什么事，一定不能半途而废，坚持才能获得成功！

找个对手，找到成功的捷径

乔治·巴顿中校是美国陆军史上最优秀的坦克防护装甲专家之一。1988年，巴顿接到国防部的紧急召唤，接受了研制M1A2型坦克防护装甲的任务。这是一种新型的高端武器，为了使研制出来的装甲性能更高、质量更好，巴顿请来了一位特殊的帮手——毕业于麻省理工学院的工程师迈克·马茨。但巴顿请马茨来，并不是要他和自己一起做研究的，而是要他来搞破坏。因为马茨是著名的破坏力专家，在军事领域，他们俩简直就是"死对头"。两人各带着一个研究小组，巴顿带的是研制小组，主要负责装甲的研制和防护，而马茨带的则是破坏小组，专门负责摧毁巴顿研制出来的装甲。

起初，巴顿研制出的装甲，总能被马茨轻而易举地炸坏。每当坦克被炸坏后，巴顿就会找马茨交流，分析失败的原因，找寻问题的根源，以便在下一次研制中寻找破解的方法。巴顿一次次"绞尽脑汁"地去设计，马茨一次次"想方设法"地去破坏，然后两人再商讨改进的方法。终于有一天，当马茨使尽浑身解数甚至直接将高爆炸药裹在防护装甲上引爆也未能奏效时，巴顿当即兴奋地宣布：M1A2型坦克防护装甲正式研制成功，它可以承受时速超过4500公里、单位破坏力超过135万公斤的打击力度。直到现在，这种坦克防护装甲仍然是世界上最坚固的。巴顿与马茨这对"对手"，也因为这项发明而共同赢得了象征着美国军事科研领域最高荣誉的"紫心勋章"。

事后，有记者问巴顿取得成功的秘诀时，巴顿笑着说："我取得成功的一个重要原因，就是因为我有一个强大的对手。以强手为对手，是让自己取得成功的最有效的捷径，如果成功有捷径的话。"事实证明，巴顿的选择是正确的，因为他的聪明和睿智，把最强大的对手变成了最好的助手，从而获得了巨大的成功。

在终年寒冷的美国阿拉斯加州，有一个渔村，那里的渔民世世代代以捕捞鳗鱼为生。众所周知，鳗鱼是世界上最神秘的鱼类之一，它肉质鲜美，营养丰富，是冬夏进补的佳品，因此价格十分昂贵。但同时，鳗鱼的生命也极其娇贵，离岸后不久便会死亡，所以，市场上的鳗鱼来不及出售就多变成了死鱼，不仅味道不佳，价格也大打折扣。

然而，有一家渔民，依靠着祖辈遗传下来的鳗鱼存鲜的"秘诀"，每天出售的都是鲜活的鳗鱼，因此他的生意格外红火，赚得盆满钵溢。这个"秘诀"一直不为世人所知。

直到有一年，这家渔民的子孙把祖传的"秘诀"说了出来，才为大家解开了长达半个多世纪的神秘面纱——原来，每当捕捞上鳗鱼的时候，他们会同时在装鳗鱼的鱼箱里放进一些狗鱼。狗鱼是一种不安分的鱼类，可以说是鳗鱼的"克星"，它们窜上窜下的异常行为让生性胆怯的鳗鱼提心吊胆，生怕被吃了。这样一来，在整个运输过程中，鳗鱼的身体机能一直处于紧张清醒的状态，因此寿命也就得以延长了。多少年来，这个家族就是靠这个简单的方法，生意做得红红火火。

原来，一个强大的对手的存在，并非都是一种不利，有时反而是帮助我们走向成功的有效捷径。鳗鱼犹如此，何况是人呢？

从巴顿与马茨珠联璧合的故事和"鳗鱼保鲜"的秘诀中，我们不难明白这样一个道理：不管干大事业也好，做小买卖也罢，找个强有力的对手，是多么的重要。因为对手，才是通向成功最有效的捷径。

不要因借口而失掉了你的行动力

大学毕业后，我应聘到一家知名广告公司做人资专员。某日在整理员工档案时，我发现了一个有趣的现象：策划部总监苏晴和公司前台陈雯居然都是历史专业毕业生，而且两人毕业于同一年，进公司的时间也差不多，陈雯的毕业院校甚至比苏晴的还要出名一些。

要知道，策划总监的工资可是前台员工的六七倍！这个奇怪的现象引起了我的兴趣，我开始留意二人的言谈举止。

经过一段时间的观察，我发现，苏晴做起事来总是雷厉风行，是特别爱动脑筋的那种人，对于公司分配的任务，她相当用心，没有条件创造条件也要将策划文案做得漂漂亮亮，拿到的奖金总是别人的好几倍，是一位极具"钱途"的知性女白领；相比之下陈雯则懒散许多，前台的工作比较清闲，除了收发传真、接听电话和接待客人，基本上就没什么事情可做了，所以大部分时间陈雯都在上网聊天，要不然就是逛"淘宝"。这使我大致明白了造成二人之间差距的原因，而几次谈话则更加证实了我的猜测。

一天，我加班到很晚，下班时在电梯口遇见了苏晴。我们随意聊了几句，然后一起去楼下的面馆吃宵夜。吃饭时我问她："苏总监，你大学读的是历史专业吧，怎么想到做广告这行？"

苏晴笑着说："历史可是公认的冷门专业啊，毕业时找工作那叫一个难，我投了好多份简历，但通知我面试的公司却少之又少，就算接到面试电话，也最多是走个过场，找到工作的机会相当渺茫。那时候我就不断地想办法把自己推销出去。后来我发现本专业的毕业生最爱往学校、史学编辑部等地方投简历，但那么多份简历投过去，对方未必能仔细看，所以我就避开那些地方，开始留意其他行业。刚好这时候我发现咱们公司招实习生，就跑来应聘了。"

"当时公司录取你了没有？"我好奇地问。

"开始公司不肯要我，说只要广告或者新闻专业的在校生……"苏晴笑着说，"我就软磨硬泡，说自己可以先试做半个月，暂时不拿工资，如果公司觉得我不行，随时可以开除我。老总看我这么执着，就同意了。"

苏晴还告诉我，试用的那半个月里她拼命表现，努力想办法让公司留下自己；被转成为实习生之后，她又不停地想办法转正，转正后又拼命想办法升职，交出好作品。

"我就一直想办法啊想办法，其实只要你肯动脑子，就会发现什么专业啊、现实啊，都不能成为你的阻碍，你最终会美梦成真的。"苏晴调皮地说。

苏晴的话令我深受鼓舞，而几天之后，我又在陈雯那里听到了一套截然不同的理论。那天，路过她的座位时，我刚好听见她和另一位女同事在聊天。陈雯抱怨道，自己当初读大学时偏偏报了个最冷门的专业，导致找工作特别难；而且自己是女生，现在的工作单位都青睐男生，女生求职最吃亏；还有就是现在这个社会处处需要关系，跟她同宿舍的女生就是靠家人帮忙进了一家事业单位，像她这种没背景没关系的女生，根本就无法在社会上立足……

旁边的同事轻声质疑道："我听说苏总监也是学历史的，人家怎么……"话还没讲完，就被陈雯打断了："没办法，有些人运气就是好，跟人家拼运气哪里能拼得过？当初要不是我爸妈逼着我读死书，我现在也不至于混成这样……"

听了陈雯的话，我完全明白了为什么两个人在毕业数年之后会产生这样的差距。她们一个在努力想办法，琢磨着如何让自己变好；另一个则拼命找借口，为自己的无所作为开脱，并不断强化消极的自我认知。这样一来，高下立见，战斗力自然不可同日而语。

把小事做成参天大树

～～～

　　我最近在思考一个问题：什么造成了人与人之间的差异？

　　我所在的班级每周六早上8点半开始上课。有个男同学让我印象深刻，因为他是班上最早到的学生，可是他说他仅仅提前到了15分钟而已。上了3个月课后，我发现不迟到不早退、每周都坚持来上课的学生不足10人，而我却是其中之一。换句话说，3个月来，全班50多个人，有40多个人做不到每周按时上课、按时下课。这个发现令我大吃一惊。假设这是个课堂纪律的比赛，你只要做到每周按时上下课，就能打败其他40位竞争者了。

　　认识一个1992年出生的同学，他毕业于普通的二本院校，毕业之际跟另外6个人一起在某单位实习，两个月后只有他被留下来了。我问他："你有什么比别人更强的地方？"他说："我也不清楚。"我继续追问："你再想想。"他说："因为只有我准时上班。"我不信，他又说："那就是邮件格式写得更正确、更少错别字，读起来让人更明白。"这一回我信了，因为我对此深有体会。

　　相信很多人的高中语文老师都教过他们怎么在高考时多拿5

分。我的老师是这样说的："保持卷面整洁，不要过多的涂涂改改，写错了划两条线就行。写作文的时候要字迹工整，分段清楚，整张考卷看起来清清爽爽，印象分就可以多 5 分。"他还补充道："想象你们自己是阅卷的老师，六七月的酷暑天气，看到脏兮兮的卷面、潦草的字迹，心情会怎样？"

我自己组织过几次活动，要给活动成员发短信，一下子能让我记住的人，就是那些短信品格好的人。什么叫短信品格好的人？就是每次收到短信都能够及时回复你的人，他会很快给你回应"收到""好的，谢谢"。相比那些收到短信后半天不吭声，也不知道他看没看到的人，我更喜欢那类短信品格好的人。与之接触，我会注意自己的短信品格如何，从他们身上学习到一些我之前不懂的东西。

讲了这么多，一句话总结："以大多数人的努力程度之低，根本轮不到去拼天赋。"很多人一直以为自己与他人拼的是吃苦，是天赋，什么刻苦奋斗，什么拼命学霸，其实拼的只是一点点认真、一点点细节、一点点本分，连勤奋都谈不上。在你的周围，懒汉实在太多，你只要做到基本的勤劳，就可以致富了；在你的世界里，大多数人都是盲人，你只要有一只眼睛，就有资格称王了。一个人如何从竞争中脱颖而出？其实非常简单，他要做的事情大多都是一些小事情，甚至是一些非常本分的事情。人是通过细节和小事展现自己的。人与人之间的差异大多在一些细节或一件简单的小事情上。

　　不要看不起小事情，生活本来就是一件件小事的集合，坚持做好每一件小事，你就能过好自己的生活，改变自己的人生。如果更进一步，你除了做好自己的本分，还能将每一件小事情做到极致，像庖丁解牛，会怎么样呢？《士兵突击》中有一句台词："他做的每一件小事，就好像抓住一棵救命稻草一样，到最后你才发现，他抱住的已经是参天大树了。"

成功，不就是一日复一日吗

你跟我说某个人多么优秀多么出色，我可能还不感兴趣，但说到她有个不一样的特质我会感兴趣。因为这些才是可以学习的。

诺贝尔文学奖得主门罗，是个家庭主妇，人到中年才开始写字，每天都写，从未停下来过。家里四个孩子，忙完孩子就是写字，也不认为自己写得多好。她说："生活琐琐碎碎，写字也就是出口，我每天对自己的写作有个定量，强迫自己完成。这和年龄增长有关。人们变得强迫自己做某些事情。配合写字的是每天步行五公里。如果我知道有哪天我没有办法走那么多，我必须在其他时间把它补回来。"她说，这其实是在保护自己，这么做会让你觉得如果你遵守所有好的规矩和习惯，就没有什么可以打败你。

她是不是得诺贝尔奖我不关心，在这之前我也没看过她的作品，但我真的为她的好习惯喝彩。

村上春树年过半百，每天都在长跑，从未间断过。他只是为了锻炼自己的耐力。他说，跑步时可以做很多事情，可以思考，可以听音乐，可以漫无目的地放松，可以呼吸到新鲜空气……我不认为自己喜欢村上的书，但我倒是欣赏他的方式。到一定年龄，才知道人真的需要坚持点什么来"对抗"生活的无能为力。

没有人天生是奇才，只是他们一定有个好习惯让他们看起来不那么失败。他们有自己对抗世界的方式，这个方式不是怨言不是愤世嫉俗，而是悄悄地改变着自己。

著名作家卡夫卡当了一辈子公司小职员，但这并不妨碍他成为一个作家，卡夫卡没当这个职员，也许写得更多，但也可能写得更少，无所成就。所以，你处于什么位置，其实并不重要，重要的只是一种个人的品牌。只有倒闭的企业，没有倒闭的个人。卡夫卡只是安安分分当个小职员，业余做点喜欢的事，互不干扰，他不抱怨不纠结，不整天怨天尤人，好像全世界都欠他的。

看过蔡澜先生提到的一件小事：他去一家餐厅吃饭，看到一个小伙扮着小丑，用球扎出各式各样动物图形，把来吃饭的孩子逗得很开心，每周来两次各一个小时，一次 700 元，这只是他的副业，主业是送快递，蔡澜先生问他怎么学得的这一手绝活儿，他笑着说，自学，买书自学，多试几次就会啊，可以增补收入，还能很开心，何乐而不为？蔡澜先生佩服不已。他如果只是抱怨他爹妈拼不过别人，工作太辛苦，整天愁眉苦脸，那么他的生活过得怎样可想而知了。他有属于自己"对抗"世界的方式。

木心先生说，如果研究麻将，坚持研究五年，你都会不一样。试着钻一件事情试试。对抗生活，除了动嘴，找点别的方式吧。

再说一件不起眼的事，我的一位友人说她父亲看上去特别年轻，为什么？每天饭后散步时带上一把熟花生米，几十年都这样。花生米，这么简单，但你试试每天吃，把枯燥的事重复一千遍试试吧。

前几天，有朋友推荐我看谭元元的芭蕾舞视频，她说她每天早上起来时就要看这么一段，享受毛孔被唤醒的感觉，谭元元的名气我不太了解，但我记住了她某次访谈中的一段话："比如你一个星期休息两天，但你如果超过两天，第三天你就会觉得什么东西不对劲了。每天训练，肌肉对于你的动作产生记忆，形成自然反应。一旦你停下来，这种肌肉反应马上就减弱了。所以舞蹈最辛苦的不是动作，是日复一日，重复做着已经做过无数次的动作。仅此而已。"

虽然没有天赋，但有汗水

北京王府井地铁站，满屏都是王珞丹为 NIKE 拍摄的广告牌，画面中的王珞丹素面朝天、眼神坚定，全神贯注的练习一个舞蹈动作。一直觉得演员这个职业很光鲜，需要把自己最好的一面呈现给观众。看到王珞丹的一篇叙述自己学习舞蹈的经历，原来再优秀的人也会遇到自己的短板。是的，很多人再抱怨自己没有天赋的同时就放弃了努力，但不去做，你怎么知道自己不可以？

我小学同桌，有天跟我聊起太阳真好，随手就拿铅笔画了一个正圆。真的，我后来用圆规测量过，钉在圆心划一圈，一丝不差，就是正圆。这个事实像毒辣的日头一样震撼了我。渐渐的，我发现世界并不公平。比如，一些人天生能听出细微的音高差别，恐怖的地方在于，他们能听出来的节拍，我连概念都没有。

我非常希望也有天赋，最好是舞蹈的天赋。6 岁那年，第一次站在舞蹈室中央。妈妈送我进门，很用力地看我一眼。这一眼信息非常庞大，包括了：孩子啊你从小到大撒野撒得我本来都麻木了但很快要上小学了还是希望你最后一搏做个知书达理跳舞棒棒的好姑娘妈妈爱你你要是不好好跳今天晚上你就跟你爸一块吃素菜看完新闻联播就去睡觉懂了吗。

我懂了，所以当时的我脚步沉重。老师教我们平转，所有小朋友都能按照轨迹旋转，只有我转的跟没头苍蝇一样，满教室十来个同学，快笑弯了腰。这个"笑声"砸碎了我对天赋的妄想。就这样，从 6 岁起，我就明白了，一旦舞蹈，就会听到鼓掌似的嘲笑声。

那一年，我放弃了学习跳舞。17 岁考上北京电影学院。艺考展示，大部分女同学都选择了舞蹈。芭蕾、民族、古典，甚至爵士、街舞。我偏执地唱了一首摇滚，那时觉得自己酷毙了。一次汇报演出，学姐在舞台上跳了一段双人舞《牛背摇篮》，魅力四射。

我不羡慕徒手画正圆，不羡慕背诵红楼梦，但我羡慕这些舞者，羡慕得贯穿整个青春。20 多年过去了。别人眼中的我事业小成，可以尽情做自己喜欢的事。其实，生活的每一天都充满挑战。一次工作的机会，我又站在舞蹈排练厅。不是必须要做，是自己选择。

我无法克服对舞蹈的渴望，即使我毫无天赋。试了试，果然还是不行，比想象中还要难。满堂寂静，笨拙的我站在训练厅中间。自己沉重的呼吸，像鼓掌一样告诉我表演结束。真的要结束吗？我想跳舞。我喜欢跳舞。那么，再试试。动作依然不标准。

可是，汗水从脸庞滴下时，为什么比镁光灯下穿着礼服的自己更开心？一个月的训练，我自然地融入整个舞队。你要问我，现在已经像个专业舞蹈演员了吗？并不，还会有身体的不协调，还会有跟不上节奏的时候。

但我和队友一起笑，汗水从额角刺入眼睛，笑这个笨笨的很努力的自己。我终于可以不顾忌别人的眼光，勇敢站在舞群中秀出自己。这是最大的快乐。是，我没有天赋。但，我也能更好。每一个人，都不可能成为优秀的别人。至少，我们可以成为更好的自己。

不向命运低头，才能赢得世界

著名的江民杀毒软件创始人王江民，因小儿麻痹而导致终身残疾，但他凭借自己坚韧的努力缔造了中关村的传奇。于 4 月 4 日不幸逝世。他虽然走了，可是他的精神却将继续指引我们前行。

王江民出生在山东烟台一个普通家庭，3 岁时感染了小儿麻痹症。病愈后落下一条病腿，在王江民记事的开始。他的腿就"已经完了"。"他只知道自己下不了楼，一下楼，就从楼顶滚到了楼梯口。"从此他不能和小伙伴一起奔跑、跳跃。下不了楼的王江民每天只能守在窗口，看大街上熙熙攘攘的人群。寂寞时，拿一张小纸条，一撕两半，将身子探出窗外，一捻，往楼下"放转转"。在很长的时间里，王江民都有自卑的感觉，觉得自己是社会的弃儿。他拖着那条不灵便的腿，经常被人欺负，上小学一年级的时候，那条不方便的腿又被人骑自行车压断了一次。

通过读书他对人生有了新的认识。高尔基的一句名言："人都是在不断地反抗自己周围的环境中成长起来的"对他启发很大。他迫切地感到要增强自己的意志力，适应社会，适应环境，征服人生道路上的坎坷与磨难，首先就要从战胜自己开始。可是他走出的人生第一步却异常沉重。

　　当时自行车是唯一的出行交通工具，会骑自行车也是成功的标志，于是王江民把自己的第一步，就确定为要像正常人一样，学会骑自行车。可是因为他的腿不方便，没劲，站不稳，站、走都需要支撑物，这样上车时一只脚就站不住。于是他就先不学上车，而是先把自行车放稳后（过去的自行车有一个支架），先爬上去，然后身体向前一使劲。自行车就开始向前走，可是刚开始脚没有跟上踏起来，另一只脚踏板又没劲，自行车倒了，他摔了下来，脚站不稳，就连车和人一起重重地摔倒地上。可以说，他学骑自行车就是在不断摔倒中学会的。

　　他好不容易能够骑着走了，下车又成了问题。刚开始学下车时，有一次忘了刹车，车速非常快，他摔下去手又不知道放开，自行车就拖着他在地上走。为此他半边身体都被水泥地擦破了，鲜血直流。有人说："算了吧。何苦这样折磨自己呢？"可他偏不。爬起来，身上的血也不擦，继续练下车。

　　在千万次摔倒之后，王江民终于征服了那辆看似无法驾驭的自行车。他终于可以和正常人一样，骑车外出了，那一刻，他感觉到残疾不能阻挡自己的理想。不能阻碍自己干任何事。

　　而后，在饱尝了苦涩的海水之后，王江民终于学会了抬头游泳。从不会游泳到喝海水，最后到会游泳，他一直到很冷的天也要下水游泳，在冰冻的海水里练忍受力。王江民就是这样凭着坚强的毅力不断战胜自己，为自己打开了本不属于他的一扇又一扇大门。

王江民一辈子没有上过大学，在38岁后才开始学习电脑，却开发出了中国首款专业杀毒软件，2003年他。由此跻身"中国IT富豪榜50强"。他先后被授予"全国青年自学成才标兵""新长征突击手标兵"等称号。他的成功从某种角度来说也是他做人的成功，是战胜自己意志的成功，是战胜自身残疾的成功，是不向命运低头的成功！

失败，其实是成功的前奏

失败就是最宝贵的财富，只是没有人在意而已。

李璞璘是中国人民大学的研究生，毕业后，她和其他同学一样，很快就成为了求职大军中的一员。

名校的背景、硕士的文凭，让初出校门的李璞璘，对求职前景充满了信心。不料，第一次应聘，李璞璘就遭遇了"滑铁卢"。那时，她去应聘国内一家知名互联网企业的人力资源管理职位。开始是笔试，她很顺利地通过了。面试时，因为表现优秀，李璞璘也顺利入围。可因名额有限，那家公司最终录用了另外一名比她更优秀的女孩。初战失利，给了心高气傲的李璞璘当头一棒。

一个月后，李璞璘有意放低姿态，又去参加了某国际知名能源外资企业的应聘。当她小心翼翼地通过严格的面试，好不容易闯进复试时，没想到，却因为女性的身份，李璞璘再次被无情地刷了下来，那家公司最后只录用了另外 3 名比她差得多的男生。面对性别歧视，她十分气愤，但气愤归气愤，工作还得继续找。

此后，李璞璘又先后进行了 20 多次求职，虽说曾有 8 次入围最终的面试，但每次仍是铩羽而归。不过，天生不服输的她，

DANGNI JUEDE WEISHIYIWAN DE SHIHOU
QIAQIA SHI ZUIHAO DE JIHUI

依然屡败屡战。只是，在"战斗"之余，李璞璘也开始寻求另一条求职新路。

一天，在经过路边的一家书店时，李璞璘无意中看到该书店的橱窗上，摆了很多诸如《求职成功学》之类的书籍，可唯独没有"求职失败学"之类的读物。这时，她突然灵光一闪，心想：自己求职失败的经历这么多，这其中的经验，本身就是一笔巨大的财富，如果把它们写出来，编成一本书，给其他求职者一些启发和帮助，应该会有广阔的读者市场。更重要的是，这样一来，还能快速有效地宣传自己，让有缘的招聘主管看到并且被打动，从而顺利找到工作，那不是一举两得吗？

想到这里，李璞璘兴奋极了。于是，从2013年的4月27日起，她开始把自己求职失败的惨痛经历，在博客上进行连载，并起名为《"我为什么没有拿到offer"的十个故事》。真实的故事、幽默的语言、实用的建议、深入的分析，结果，短短几天时间，她博客的点击率就突破了2万。此后，看李璞璘博客的网友越来越多，大家甚至把她的博客当成了日常讨论的论坛。

网上的热闹很快就带来了现实的热闹，一时间，新浪等各大知名网站纷纷邀请李璞璘去做节目，让其讲解求职真经。

让李璞璘意想不到的是，由于博客浏览量的快速暴涨，她引起了某著名网络公司人力资源主管的注意，并最终被该公司高薪录取，年薪 15 万元。

在人生的道路上，每个人都会遇到失败。其实，这些失败本身就是最宝贵的财富，只是没有人在意而已。如果你能总结失败，利用失败，那么，你就会像李璞璘一样成功。

你的努力，
是为了
有更好的选择

我想，我终有一天会成功，像你一样

只要是遵从自己内心做出的选择，

你一定会比任何时候都要努力，

因为你想用行动去证明：

你的选择是正确的。

你的努力，是为了有更好的选择

与苏锦重逢是在国展书会最后一天，彼时，我们已经有半年多没有任何联系了，本以为生命中再无交集的人突然出现在你面前，还说要请你喝咖啡，还是蛮讶异的。

我们选了临窗的位置落座，在卡布奇诺的香气中，苏锦说："亚娟姐，我现在开始后悔了，当初就不应该听我妈的建议，回家乡做什么银行系统的工作。现在我每天做着自己不喜欢的事情还要强颜欢笑地应对各种复杂的同事关系，真是身心俱疲啊！你说我现在该怎么办？"

苏锦曾是我部门的一位编辑，半年前，因为工作上遇到了一些不顺，加上她妈妈不停地在电话中跟她鼓吹在家乡为她谋求了一份多么安稳的工作，于是，她动摇了。

她提离职，我并不感到意外。她心有余而力不足，她很努力认真，却始终跟别的编辑之间有点差距，这些我都看在眼里。

但我能感觉到她是真心热爱这份工作，都说兴趣是最好的老师，我相信假以时日，她会做出成绩来的，于是我试图挽留她。

"苏锦，你不要急，你先不要跟其他编辑比，你跟你自己比，你不觉得你已经比刚开始来的时候进步很多了吗？"我看着她说。

她微微一愣，抬起头来。

"你之所以做书慢，只是因为做图书封面的经验不足，而公司对封面的要求又很高。可是你在写方案方面、做版式设计方面进步都很大。

"你不需要跟别人比，只要跟自己比，今天比昨天进步了一点，就算成功。"

苏锦是来提辞职的，她以为我会很爽快地答应，没想到我会跟她说这些，一时她不知道该回应什么才好。

见她沉默，我问她："你大学是学什么的？"

她回答："会计。"

原来她和我一样，都是半路出家，学了别的专业却从事了文字方面的工作。可见是对文字工作足够热爱。

我让她把母亲和我说的话都抛到一边，仅仅遵从自己内心的声音，一周以后，再来告诉我走还是留。

一周后，苏锦选择了离开，我当然尊重她的选择。

这半年多没有她的任何消息，我想她应该是过上了自己想要的生活，并刻意避免跟我这个昔日上司联系。所以，对于现在突然出现在我面前，并抛给我一个那么沉重话题的她，我一时真不知道如何回答。

窗外，霓虹灯不停地闪烁，五彩的光映照在苏锦施过淡妆的脸上本应熠熠生辉，但她眼中的焦灼与落寞却让她看起来疲惫不堪。

我跟苏锦说："你的具体情况我不是很清楚，但我的故事或许能给你一些启发。"

年少时，关乎我人生的很多次选择都是由父母做出的，我自己并没有选择的机会，或者说是我没有赋予自己选择的权利。

中考填志愿时，父亲让我填了师范学校和重点高中，后来我的分数能上重点高中，他觉得我上高中考大学比较有出息。于是，我上了省重点高中。

高二文理分班时，明明我喜欢文科，父母却认为"学好数理化，走遍天下都不怕"，而让我选了理科。

直到高考失败，我的分数和本科无缘，父亲觉得望女成凤梦破灭，成天发脾气。

虽然现在在我看来，人生足够漫长，如同一部厚重的书，高考只是其中一页，不管考得好与坏，翻过去就是了。

但当年，对十八岁的我而言，高考的意义重大，是决定人生成败的分水岭。高考失利，在亲戚异样的眼神和父亲的责骂声中，我体会到深深的挫败感。

在选择复读还是直接上一所大专院校时，父亲选择了让我上大专，他担心我复读不一定能考好。这一点其实正如我意，我也惧怕重过一遍那种每天算着高考倒计时的黑暗日子。

为自己的人生做选择题，是从我离开父母身边开始的。

我是在扬州某大学读的大专，扬州城风景秀美，宛如清新淡雅的江南美女，激发我很多创作灵感。高中时写小说被父母认为是不务正业，现在进了大学，终于可以泡在图书馆读喜欢的书，听喜欢的音乐，写喜欢的文字。

跟单调又辛苦的高中生活相比，大学的生活丰富多彩又自由自在。美好的大学生活中，我给自己的唯一压力是——我一定要考上本科。定这个目标，有两个原因：一是我希望能充分利用大学的时间来提高自己，以弥补高考失利的遗憾；二是当时的就业形势所需，用人单位倾向选择学历高的人才，我希望将来自己求职时不会因为学历而被拒之门外。

学历更高意味着在求职时有更多选择权和自主权，能够选择自己相对喜欢的工作。

就像龙应台在《亲爱的安德烈》这本书中对安德烈说的那样："我也要求你读书用功，不是因为我要你跟别人比成就，而是因为，我希望你将来会拥有选择的权利，选择有意义、有时间的工作，而不是被迫谋生。"

大二时，有了"专转本"的机会，但是高昂的学费却让我有些望而却步，毕竟家中经济条件有限。

我打电话跟父母商量要不要参加"专转本"考试，父亲说可以去试试看，考上后去不去上再说，如果我非要上，只能自己想办法付学费。母亲则坚决反对去考，说供我读大专已属不易，家里弟弟、妹妹上学也急需钱，我不能如此自私，为了自己的前途不顾弟弟和妹妹。

归根到底，父母并不支持我去考试，理由是没钱支持我继续深造。

打电话的那个夜晚我失眠了，辗转反侧，左思右想，最终我决定去参加考试。

这是我第一次违背父母的意愿，也是我第一次为自己的人生做选择题。

我无法想象如果当初不去考试今天会怎样，我只知道，我从来没有为这个决定后悔过。

后来，我通过"专转本"的初试和复试，进入一所重点大学。学费问题是我自己解决的，通过助学贷款和给杂志写文章赚稿费，我顺利读完了大学。并且，在这所大学里，我收获了一份难能可贵的爱情。

也是从那次亲自为人生做选择题之后，我才真正学会了独立。从那之后，虽然父母还是会时不时给我意见，但我仅作参考，每次做选择的决定权还是在于我。

大学毕业进入社会后，面临的选择就更多了——和他谈了这么久恋爱，该不该和他结婚过一辈子？房价下降了，该不该在这个时候买房子？工作做得不是很开心，该不该选择辞职？

对于职场中人而言，最常见的选择莫过于跳槽，这时，身边的人会给你不同的意见，你有时难免会失去主张。

就拿我上一次跳槽来说吧，那次选择比以往任何一次跳槽都要艰难。

我在那家公司创建了女性阅读品牌"蝴蝶季"，从 2008 年 1 月出版第一本带有"蝴蝶季"logo 的图书起，到 2012 年 12 月的整整五年时间，出版了上百本图书，也培养了不少原创作者。我的五年青春时光在"蝴蝶季"绽放，我的爱好和梦想在这里发芽、生根，我对"蝴蝶季"有着难以割舍的深厚感情。

因此，当新公司几次三番向我抛出橄榄枝的时候，我犹豫了。

新公司给出的薪水也不是很有诱惑力，跟之前的待遇差不多。此时，身边的朋友、家人都劝我留下来，公司领导得知我有去意时，也表示来年给我加薪。只有作者们作为被拖欠稿费的受害者，支持我离开，说如果我到新公司发展得好，他们也跟着沾光。

说实话，当时我真的左右为难，一时间难以抉择。

可权衡再三，我决定接受新公司的 offer，但是提出了一个要求，希望不打卡考勤，不要求每天都去公司，实施弹性工作制。

我提这个要求不是懒得去公司，而是希望如果新工作忙得分身乏术时，我能留有一点时间照顾家庭、陪伴孩子。再忙的工作狂也不能忽略孩子的成长，毕竟孩子的成长只有一次。

虽然在新公司我享受的是弹性工作制，但实际上我比从前更努力。因为我要让当时不赞同我离开的人，甚至对我的选择冷嘲热讽的人明白，我的选择是对的。后来，事实证明如此，两年的时间里我给自己交出了满意的答卷。

苏锦听我说完这些，似有所悟，她望着我，真诚地说："亚娟姐，我明白了，我还是要自己做选择，不要被别人的意见所左右。当初我要是不听我妈的建议回老家，说不定现在已经做出一番成绩了。实不相瞒，我已经辞了家乡那份安稳但无趣的工作，准备重新做文字相关的工作，我的爱好在这里，我愿意用汗水来浇灌我的梦想，我想，我终有一天会成功，像你一样。"

"如果你说的成功是指遵从自己的内心做自己想做的事，那我可以做你的榜样；如果你是指权力、财富、地位的话，我还差得很远。"我笑了，继续说道，"当然，后一种成功有的话咱也不拒绝。但我还是觉得，无论何时何地，做快乐的自己，能够选择自己想要的生活，比所谓的成功更重要。"

人生就是一张试卷，上面有很多选择题，怎么选择全凭你自己。纵使人生的选择题没有标准答案，选择的时候也要遵从自己的内心，日后少一点后悔，就算不负此生。

　　而且，你会发现——只要是遵从自己内心做出的选择，你一定会比任何时候都要努力，因为你想用行动去证明：你的选择是正确的。

你要努力，才能成为中流砥柱

我在横店的时候，同宿的姑娘叫蒋荷花。那部戏的导演是个外地人，用他独特的口音给蒋荷花改了新名字：姜发发，姜活发。

有时候名字特别容易叫也不好，一不小心被人叫顺嘴了，他就时不时喊你一声。

外地导演一会儿一会儿想到她，就在现场叫一声：

"发发你过来一下。"

"活发！活发！活发！"

荷花在街道置景的另一头，隔着一百来米路，就听到她嘹亮的回应："听到了！"然后，看着那小黑点"扑棱扑棱"一路小跑，突然间就出现在了监视器后面。积极，乐观，就像春天里常开不败的花。

她在横店当替身，一般做"文替"，也就是偶尔给女演员试试光、替女演员走个位置、拍一些不露脸的镜头。后来为了赚钱多，也开始做"武替"，技术有限，只能做最次等的"武替"，替女演员完成一些可能会受伤的镜头。

偶尔听到她和妈妈聊电话。妈妈说："花花啊，你什么时候才能带个男朋友回来给妈瞧瞧啊？""花花，你啥时候上电视，也让妈看看啊。"荷花就在电话那头，支支吾吾地答着："我过得很好，我今天还看到谁谁谁，就是妈你喜欢的那个男演员……"她没告诉妈妈，那天她做了替身。拍一段牌匾从塔楼上砸下来的戏，背上刚被道具牌匾砸了一块扎实的淤青。

镜头里没有她，也没有她被砸伤淤青的后背。剧组给她包了个薄薄的红包，她一打开，拿了钱就撇到包里。但心里还是感激的：你看那些人对咱多好，有总比没有得好。擦擦离家的眼泪，明天继续背井离乡的日子。

荷花的弟弟不是读书的材料。一个 16 岁的小伙子，但凡在读书里不成器的，按他们村的人的惯例，就是要去工厂或是工地打工讨生活了。她曾经拿弟弟的照片给我看，一脸得意地夸弟弟"皮相好、人白净、脑子活络"。我拿来一看，就是个相貌普通的男孩子。

"我也不愿意他去，工厂太苦了。我先来混几年，混好了就带他来。他明年放暑假就可以实习了，我就带他过来。我打点了很多关系，认识了很多副导演，"她自信地说："只要他争气，只要他能吃苦，就一定有机会。"

荷花还对这个世界抱有很多纯洁而朴素的想法。比如说，她觉得她弟弟只要努力一定能红。这种单纯又执拗的希望，使得我把那句藏在心里没来得及说的"不切实际"，死死咽进了肚子里。

荷花说，在她们村里，这个年纪的姑娘，早就要嫁了。妈妈希望她早点嫁掉，也是希望她能有座靠山。"我也想找个好一点富一点的人家嫁了，可那终究是他的东西。"

那天，我们下戏早，坐在床沿，有一搭没一搭地聊着天。我们一边聊着，又像是一边互相鼓励着。我们这么努力寻求独立，不是为了有一天能放弃依赖，而是为了有力量去抱紧想要抱紧的人。

不要去指望伴侣、朋友的成功，能对你起到什么惊天动地的改变。"他们的东西"，再多余也是别人的东西。他们可以对你好，但那些爱屋及乌，是情理，而不是道理。

大学毕业之后，我非常认真地和母亲谈过，希望她提前退休，不用出去工作。

母亲有自己的梦想和想做的事情，我一直都知道。她说起以前在学校里设计衣服的快乐，摸着街上各种材质的衣服说："我小时候给你设计的衣服，肯定比这个好"，眼睛都是闪闪发光的。

我不想她等到更老、更需要照顾、更走不动的时候，才开始践行年轻时抱有的梦想。但母亲一直坚持还是要继续工作。我知道她一直想保护我。她觉得她不靠我，我才能心无旁骛走自己的路。

可母亲老了，偶尔会说起腰不好，或者拿着检查单问我上面的符号是什么意思。这时的我，遇到自己浅薄的医学知识不能解决的问题时，便会产生深深的无力感，只能疯了似地打电话、发微信、求助朋友圈。

有些朋友辗转几轮给了我其他医生的电话，而我握着电话，连拨号的勇气都没有：我在医院待过，我知道这一切是多么地惹人厌烦。我们素未谋面，却想要用"情谊"去交换别人宝贵的时间。那时候，我总想着，我要是在医院工作多好，要是我学业精专多好。再不济，要是我钱财万贯，能带着她四处求医也成啊。

这就是为何我们要奋斗，为何我们要独立。你的好伴侣，是你的底气，而你的强大，才是你身边人的底气。我们是这么的平凡，却是那么多人眼中的中流砥柱。

我们缘何努力？不过是，因爱而起。

即使年老，也才刚刚开始

第十四届金鸡奖闭幕，最佳女主角居然是 84 岁的金雅琴。半个月之后的东京国际电影节，她再获殊荣，仍然是最佳女主角。《东方之子》采访她，她笑言自己演了《我们俩》，才终于知道怎么演戏，也更迷恋电影了，也许自己真正的演员生涯 80 岁以后才开始。

坐在电视机前的我笑了。老人的心态是多么美妙啊！周围的人总是说自己老了，学这个太晚学那个太迟。招聘会上，35 岁以上的人基本上就是中老年系列了，甚至于我的朋友二十七八岁就开始说："不行了不行了，学什么都记不住了，年龄太大了。"

金雅琴是个老演员，可说真话，我并没有看过她多少作品，在她得奖之前，我甚至不知道她叫金雅琴。

她演了一辈子戏，一直没演过什么主角。84 岁，她成了主角，在《我们俩》中演一个刁钻古怪的老太太，把房子租给一个年轻的女孩，她和女孩由开始的敌视变成祖孙般的亲密，片子非常动人，我边看边落泪。

而金雅琴说，在拍戏时，她耳朵听不到，眼睛也看不清，导演什么时候让她演她也不知道，于是她想了个招，让导演举一面小红旗，红旗一落下就是应该演了。片子就是这么一点点拍出来的，老人的敬业精神感动了所有人。

当然也感动了电视机前的我。

还有一个画家朋友，40岁才开始画画，几年之后，得了全国大奖。人们开始都以为他只是玩玩而已，没想到他认了真，每周从河北跑到北京去学画。

还有一个孩子，在不停留级之后，在所有人对他失望之后打算学英语。几年之后，他居然上了北外！记者采访他的时候他说，我总以为太晚了，总以为我落下了，开始学了以后我才明白，什么时候开始追都不晚！

我总觉得自己不再年轻，在那帮80后的女孩子们面前倚老卖老，可是和84岁的金雅琴比起来，我还是小孩子，简直是小毛孩子啊。

84岁的老人都认为自己的人生才刚开始，那么，我的人生是不是随时可以重新开始？

夏天的时候，一直想报个班学芭蕾舞，因为少年时对跳芭蕾舞的女孩崇拜极了，做梦都想演《天鹅湖》中的一只天鹅。可是我看到芭蕾舞班里的学员，最大的只有15岁，我去了，简直是羊群里出了骆驼，还不让人笑死？买好的舞鞋也放进了箱子。

但现在我决定去了。

周日去报名，教芭蕾舞的女孩问我："你要学？是你吧？"

她大概没有见过30岁的女人还学什么芭蕾舞的。我点点头说："是我，就是我。"这次我没有羞愧没有脸红，我要学芭蕾舞。

她们由开始的不理解和嘲笑变成了最后的敬佩。我不为上台演出，不为名不为利，只为自己心中的那份喜欢，有什么不可以？

十多天之后，当我能似一只小天鹅站起来时，我幸福地笑了。

我愿意开始学自己想学的一切，因为我知道，人生什么时候开始都不算晚。

你想要的，迟早会拥有

上周六表妹放假，我去学校接她回家。据说这所我曾经可望不可即的学校已经变成了一所充斥着金钱气息的贵族学校。我不敢想象家境不好的表妹与浑身上下都是名牌衣服的公子哥和白富美是怎样和平共处的。

我也是从高中走过一遭的人，我太了解青春期里蠢蠢欲动的小心思和敏感体了。那个时候总是会羡慕别人，家境、成绩、人缘或者能够比较的种种。比较得多了，更加清楚地看到了自己的差距，心里就会低落，进而怀疑自己的各方面能力。

自卑这种情绪，倘若能触动你的内心，就会给你力量，让你奋起直追；可你一旦被它击垮，从此就会一蹶不振。我担心平时快乐单纯的表妹在佯装自己毫不在意，我怕她尚未成熟的三观被扭曲，怕她迷失自己。

表妹原本有个不错的家庭，但算得上殷实的家底却被她赌博的父亲在短短一年的时间里输了个精光。后来父亲偷着拿家里的几处房子做了抵押用来偿还欠下的高利贷，之后落荒而逃，剩下母女俩收拾这烂摊子。

表妹的生活一下子从天上边跌倒了地底下。没有了遮风挡雨的高层住，我姨带着她住进了合租房；她只能背起初中的双肩包，穿着再普通不过的地摊货；升高中时候的拉杆箱也是我妈给她买来的。

大概两个月前的一天夜里，我妈给我打来电话，语气有些忿忿。我妈跟我说，"我在你表妹看的小说里居然找到了她准备给男生表白的情书。我带她去商场，她竟然让我给她买一双八百块钱的运动鞋，我不知道她哪儿来的勇气。我说了她几句，她就开始哇哇地哭，小小年纪这么虚荣，又不是不知道自己的家庭条件，这怎么得了啊！"

其实我很想跟我妈讲，如果她不虚荣才不正常，不过是把内心里渴求的东西展露出来了而已。得不到的永远在骚动，表妹也是一样，看到橱窗里的那些美物，谁都会心动。只不过，那些条件好的同学会幸运一些，理所当然地得到自己的"芭比娃娃"，表妹就没有那么幸福了。

至于青春期男生女生之间的那点"小情愫"，也再正常不过了。经历尚浅的表妹给自己贴了一个"缺乏安全感"的标签，觉得自己各方面都不如人家，才更渴望小男生对自己多一些关注。

我给我妈下了保票，把表妹再造成一个阳光自信内心强大的美少女战神。

老实讲，我之所以敢夸下海口，是因为我也经历过这个阶段，我也自卑过。

当时身处一所靠成绩展示实力的学校，我真的受到过很大的打击。而这种打击根本不是那些鞋子衣服和手表能够作比的，真正让人自卑的，是成绩。

那个时候我也常常自诩年少轻狂，嘴里动不动就说"三十年河东三十年河西"，莫欺少年穷。可是在我们这个教育为大头的小城里，没有好成绩考不上好大学似乎就被判了死缓。我成绩差，每次月考都是班里后十名，常常被老师找谈话。

印象很深刻，我的班主任曾经当众"勉励"我，"咱们不能光长体重不长分数啊，咱们班成绩最稳定的两个人，除了第一名就是你啦，真是脑子笨没得治啊！"

很庆幸的是，我有一颗还算强大的内心，我不服气。在那之后的日子里，我越发明白了一个事实，有些情况我很难改变，但只要不认怂，一直努力地追求，总有一天会扳回一城。

换句话说，其实自卑有时候是好事儿，它给你力量，去抗争，去厮杀，像个军人一样。

和表妹一起回家的路上，我问她，有没有眼红其他同学的高质量生活。她很坦率地跟我说，眼红，真的眼红。最可怕的不是从未有过，而是本来拥有却猛然间失去所有。

　　她告诉我，那个男孩子拒绝了她，嘴上说我们不合适，其实，还是觉得她不够优秀，各方面条件比不上自己。与此同时，她一向引以为傲的成绩也出现了明显下滑，她说不知道怎么形容那种感觉，只能说是，雪上加霜。她更自卑更难过了，想要自暴自弃破罐子破摔，发了疯似的想要物质的刺激和美丽的外壳。

　　不等我接话，她又说，但是现在，她已经豁然开朗了。

　　问为何，短短两个月的时间真的就可以安放一个少女懵懂又不安的心思吗？

　　表妹说，她们重新分班，新班主任在班会时的一段话让她茅塞顿开，记在了日记本上：

　　在你们这个年龄，我也有过各种自卑和压抑。我来自农村，考到重点高中的时候连普通话都说不利索，被嘲笑甚至被挖苦过，我也怀疑过自己的实力。可是现实告诉我，自己差就必须努力去改变，被嘲讽就一笑而过。总有一天，你会强大到足够消化内心深处的自卑。

　　说得真好，克服自卑的最有效手段，就是带着一颗强大的内心去战胜它。

　　所以啊，自卑很正常的，别觉得自己真的就低人一等。怕什么，你想要的，早晚会得到。

只有行动起来，才能靠近梦想

我最近好迷茫，你能告诉我应该怎么办？

我最近感觉心情特差，我该怎么办？

我打算今年考北京大学的研究生，可是没信心怎么办？

我想给自己订一个五年发展目标，可是担心实现不了怎么办？

如果你想从我这里听到什么锦囊妙计的话，很抱歉，我没有。

我只能送你两个字"行动"！此时此刻，就现在，不要再给你自己找什么可以拖延、摆脱的借口，这类借口越多，你的行动力越迟缓，接近成功的希望也就愈加的渺茫！

相信很多人都不是"宿命论"者，他们希望自己是命运的掌控者，按照自己的想法过自己的生活。

可是你能告诉我为了你想过得生活，你付出了什么？

是大把大把的红色钞票用在吃喝玩乐上？

是大把大把的时间泡在网吧，躺在床上，嗨在 KTV？

还是大把大把的青春用在怎么想办法勾搭隔壁班的大一小学妹？怎么创造机会和我的男神在食堂打菜时偶遇？

　　还是大把大把的泪水用在每一个因为挂科难以入睡，谴责自己无用的夜晚？

　　还是大把大把的气力用在疯狂点击鼠标沉闷的声响中，因一次游戏失败而攥紧拳头狠狠捶打桌子大骂一声"操"的狂怒声中？或者用在每一个星期五的夜晚，星期六的夜晚，和男友女友们相约在某某宾馆尽情享受一场肉体摩擦的狂欢中？

　　你能告诉我，凭什么命运要眷顾你？你尽情的疯，尽情的浪，尽情的享受，从来都没有静下心来给自己写过一封信，一封写给未来自己的信，是不是没有勇气？还是羞愧的怕未来的自己一定会对现在的自己嗤之以鼻？

　　如果你想让自己的生活变得更好，想让家里的爸妈宽心，想给自己一个交代，请你现在开始行动起来，认认真真的思考自己到底要过一种怎么的生活？想要活出什么样的人生高度？想取得多大的人生成就？如果不这样做的话，你想把这些问题带到坟墓里不成？

　　我经常在我的朋友圈中看到各种各样对现实的吐槽，真的是五花八门，无奇不有。有说自己运气真 * 他 * 妈的背，六级考了三次还是没过，眼瞅着就快毕业了，难道要带着这份遗憾离开校园吗？有的说现在的工作真难找，简历怎么做都不行，各种各样挑剔的口味，你忙不过来，而且现在是一个靠颜值刷脸的时代，长的丑的在颜值高的人面前，顿时不知道自信是何物。还有的说自己准备二战了，第一次考研败北，可能是目标定得太高了吧，于是打算换一个高校，……

看过之后，你是怎么想的？

你想重复他们的生活？然后复制粘贴到你的生活当中？

励志故事听得再多，终究是别人的人生，再狗血的悲剧也终究是他人的人生。屌丝逆袭不是没有可能，怕就怕屌丝给自己贴上一辈子注定是屌丝的标签。所以当我们看到别人被鲜花掌声环绕的时候，却可能忽略他们背后用数不清坚实有力的行动维护着梦想，同时忽略的还有我们自己作为看客的身份。

凭什么我们自己不能成为自己人生话剧里的主角？凭什么每次都是欣赏别人的成功？

你不想尝试奔跑起来追逐梦想的体验吗？争争就能赢，试试就能行！

行动起来，让自己更接近那个叫"梦想"的东西！

拨开蒜皮，就能看见成功

一个仅仅读过四年小学的蔬菜小贩；一部正规出版的 20 万字日记体新书。

北京宣武门附近的广安天陶菜市场的菜贩姚启中，与这部书之间是作者与作品的关系。那么，一个普通菜贩为何要"跨界"写书呢？

一切源于姚启中的一个梦想。这个梦想就是：要给自己的孩子留下一点财富。这个财富，不是金银珠宝，不是豪华房舍，而是一笔精神宝藏——他要通过写书，向孩子讲述其人生的酸甜苦辣。然而，实现梦想的道路无比艰辛，起码有三道坎儿从一开始就横亘在他的面前。

第一道坎儿，是如何改变自己的半文盲状态。姚启中出生在安徽阜阳农村，自幼家境贫寒，在念完小学四年级后，他不得不辍学打工。然而，姚启中是个好学的人，在北京卖菜的日子里，起初有不认识的字，他就向前来买菜的顾客求助，后来，有顾客教会他查字典，他的认字量便成倍增长。为了获得更多知识，只要有空，他就会一头扎进书店如饥似渴地阅读。买不起书，他就抄书，常常抄满一裤兜的字条，有时纸不够，就往手上抄，抄完手心抄手背，回家后再誊到本子上。就这样，几年下来，姚启中不仅认识了很多字，还积累了大量写作素材，他决定动笔写作。可是，他的计划却遭到了妻子的反对。

第二道坎儿，是如何改变妻子的反对立场。妻子的反对是有道理的，因为他们的生存压力实在太大。姚启中与妻子带着年幼的儿子和女儿，从安徽阜阳来到北京打拼，一家四口租住在丰台区两间不大的平房中。他们在菜市场摆了个菜摊，在大蒜、生姜和各种时令蔬菜堆里讨生活。每天凌晨 4 点 30 分，姚启中起床，整理好姜和蒜等货品，6 点准时蹬着平板三轮车出门，一年四季无论刮风下雨，都要在 6 点 50 分之前赶到 5 公里外的早市，除了大年初一，几乎全年无歇。妻子认为，在这种情况下，根本没有时间写作，而且写作又挣不来钱，瞎耽误工夫。为了获得妻子的支持，姚启中拍着胸脯对妻子说："你放心，我保证不会耽误卖菜。"在后来的日子里，每天前来买菜的人们总会看见这样一个动人的场景：一个中年男人，趴在摆满大蒜和干姜的案板上，手握圆珠笔，在一摞稿纸上专心地书写着，顾客来了，他起身卖菜，顾客走了，他又埋头去写，天天如此。这个中年男人就是姚启中。见他如此，妻子实在不忍心再多说什么了。

第三道坎儿，是如何克服嘈杂环境的不良影响。俗话说：心无二用，虽然写作不再受到妻子的干涉，但在嘈杂的菜市场中写作也绝非易事。刚开始在菜摊上写作时，姚启中一会儿要卖姜，一会儿要卖蒜，一天写不了两页稿纸。可是，即便如此，他也没有停手，哪怕头一天只写了三百字，第二天他依然接着写。他知道，放弃的理由也许有千条，但不放弃的理由只有一条：不能停！硬着头皮坚持了 10 多天后，姚启中逐渐适应了菜市场的嘈杂，又过了不久，他的心神便收放自如，能够在文字表达和卖菜算账之间自由转换了。

时光在流逝，文字在增加，经过 1000 多个日子的坚持，跨过三道坎儿的姚启中终于完成了 30 万字的日记体书稿。在书中，他用直白浅显的语言讲述着自己和家人的故事。2012 年下半年，该书稿被一家出版社看中，选编其中 20 万字，定名为《卖菜叔日记》出版，2013 年 3 月 26 日，新书正式上架发售。一时间，姚启中的事迹引起包括央视一套在内的全国各大媒体的普遍关注，姚启中因此而走红。

在姚启中的菜摊中有一种最常见的货品：大蒜头。细细想来，这么多年，姚启中跨过横在面前的一道又一道坎儿，最终梦想成真，其过程与剥除蒜皮何其相似：一层接一层，耐心地剥下去，最终获得的就是光亮莹润的蒜瓣儿。人们常问：什么是成功？其实，成功就是裹在一层又一层蒜皮里的瓣儿。

你要做的，只需低头努力

有一次健身课的内容是拳击，我打了半场下来坐在场边休息喝水。我问教练："教练，你说我以后能当教练吗？"其实我并不是想当教练，无非是没话找话问一句，这样一来二去交流点什么，能给自己争取多一些时间休息，要知道，我的教练可是健身房著名的"铁血教练"啊。

"你不能。"教练看都没看我，一边喝水一边说。

"为什么？"我很诧异。虽然我腰腹还没练平坦，但也可以心比天高嘛！

"我从来没想过我会当教练。"他坐在我身边开始讲故事，"我第一次开始学拳击是 11 岁，自己喜欢，打了几年，教练说我可以打比赛了，我就去了。比赛获了一些奖，身体也强壮了很多，慢慢开始接触健身，自己练。练了一两年，身体也长成熟了，进步特别快，又参加了一些健美类的比赛。之后我教练让我帮忙做助教，做了一段时间，教练让我去考健身教练的各种资格证。从 11 岁开始到我真正当教练差不多十年吧，到现在也快 30 年了。我就是这么走上健身教练的路，从老家的训练馆，一步步走到北京的健身房，慢慢这么走过来的。"

　　我的教练是个铁血但不善言辞的人，我明白了他的意思，其实就是：你要真的热爱并努力，而不是从开始就想着要拿到怎样的结果。如果我的目标就是当教练，我做不成好教练，顶多是个用一两年练出个好身材就敢指点江山的二把刀。我突然间想到，之前经常有网友在网上问我，想赚点外快，因此想要投稿，问我该如何写东西或者写什么样的东西比较容易发表。我回答不了，因为我也就只是一直写，没想过什么结果。普通的写作者也真赚不到什么钱，文章发表后也就是千字一百元都算多。在这种情况下，没有热爱真撑不下来。这么一类比，我就更明白了教练的意思。

　　豆瓣网上有篇挺有名的健身类的文章，叫做《塑身 300 天，时间是怎么样划过了我皮肤》，我深有感触。记得第一天我跟教练做体形测试的时候，各种数据差到临界点，整个人是腰粗腿肥臀没型。现在差不多两个半月过去了，我虽然没有一步到位"欧美风"，但腰细了，腿和胳膊都有力了很多，翘臀更是明显，而且每周至少三四次的狂出汗，让身体皮肤都好到不需要任何磨砂膏和沐浴乳。可这一切是怎么得来的，我比谁都清楚：是每一个即使 2 点睡但必须 7 点起的早晨，是深蹲训练从徒手到负重 30 公斤的飞跃，是挑战了很多我觉得根本做不到的动作和重量……我已经很多年没有大汗淋漓，甚至都忘记了汗臭的味道。昨天下拳击课教练给我解手上的绷带的时候说："连绷带都湿透了。"健身塑形这种事，时光是最好的答案。

　　我最近关注了一个人，就是豆瓣网粉丝数第一名的那位，原来我一直以为他是靠哗众取宠上位。可前几天我点开他的页面，没看到什么特别文艺的文章，但我看到他的相册里有 1600 多个主题相册。1600 是什么概念？我真的特别惊讶。我相册里连 1600 张图都没有，更别提 1600 个相册了。这是要用多大的热情多少的时间才能建立起来的数字，那一个一个时辰熬出来的第一名，没有人会不服吧。

　　我曾看到过这样一段话："如果从一开始就选择可以自我实现的工作，并对所钟爱的工作全心投入，只要公司体制完善，机制健康，加薪晋职这些物质和精神的收获，就是随之而来的副产品。"对这种人，我一直都特别敬佩，也特别尊重，他们有一股韧劲，低头努力，剩下的交给时光。

你的思维，值 4 亿美元

一念之差，价值 4 亿美元。

苏维尔·麦查达尼，14 岁的匹兹堡中学生，印度裔美国小帅哥，用下面两排字，告诉你他这个很贵的点子有多简单。

Dear US government，I can save you$400 million（Times New Roman 体）

Dear US government，I can save you $400 million（Garamond体）

稍加留意就能看出，下方的 Garamond 字体，虽然形状和 Times New Roman 几乎一样，但在同样字体大小之下，略淡、略细，略节约。

温总理说过，再小的问题乘以 13 亿就是大问题。想想看每天有多少 Times New Roman 字体的印刷品流传世间，就知道平均节约 24% 用墨的 Garamond 意味着什么。

苏维尔先帮他的学校（不算大的多尔西维尔中学）算了一下，发现换换资料卷子的字体，每年能省两万美元。接着，经人提醒，苏维尔想到了印东西很多，又很在意"规范"的组织——联邦政府。

联邦政府每年的印刷费用高达 18 亿美元。如果把字体由 Times

New Roman 换成 Garamond，粗略一算，可在墨水上省下 4 亿美元。

让人懊悔的是，4 亿点子产生的契机，不过是许多人小时候都参加过的校园科学小竞赛，触发点是今天的中国中学生每天都会抱怨的现象——

老师发的印刷品太多了。

苏维尔的特别不过是从小喜欢电脑，也一直很想通过电脑解决环境问题。再加上，对于科学小竞赛，他很认真。

打印中的环保问题，通常受关注的是纸。提倡双面打印和纸张循环使用，都是从纸入手。没办法，打印店也是按纸而不是按墨收费的，虽然谁都知道，打印贵，是因为墨水很贵。

苏维尔发现，墨水真的很贵。一盎司的香奈儿五号香水，价值 38 美元，同等量的惠普打印墨水，则值 75 美元。省墨，不也是一种环保吗？

借着参加科学竞赛的机会，苏维尔开始了他的科学实验。首先，他把研究对象定为英语中最常使用的几个字母：a、e、t、o、r，接着从老师发的资料里随机筛选，计算出这几个字母的使用频率。

他挑了 4 种字体进行比较：Times New Roman，Garamond，Century Gothic，Comic Sans。似乎不用后面的科学证明，大家就能"看"出结果。苏维尔却严谨地做了比较，既有高科技统计法，也有原始的称重法。高科技统计法用一款叫 APFill Ink Cbverage，

Je 的软件，统计字母的墨水用量。称重法就是把字母放大，打印出来过称。

两种办法都给了苏维尔同样的答案，Garamond 实在不错，既保留了范儿，又真的省墨。研究结果让老师吃了一惊。他鼓励苏维尔赶紧写论文，投稿给《The Journal for Emerging Invastigacors》——一本由哈佛毕业生创办，专门鼓励年轻研究者的杂志。论文打动了杂志审稿人，他们鼓励小苏维尔继续向前，把这个好办法投稿给联邦政府。

苏维尔用政府印刷办公室网站上的文件又进行了一次统计，结果和从前一样。可是，虽然联邦政府正为钱头痛，对苏维尔的点子却似乎不怎么热心。

印刷办公室发言人表示，政府工作的重心是把印刷品电子化。有人立刻对政府的逻辑表达了嘲讽之情——电子化和拒绝苏维尔的建议有什么矛盾？双管齐下，不是更省钱吗？

专家们也站出来对苏维尔大泼冷水。"不忍苛责，"专家说，"但这个小孩子还是不了解印刷学，两种字体大小不同，这么比较毫无意义。"

在大人们的拒绝面前，苏维尔惊人地淡定。"改变人们的行为是很难的，"他说，"但是改变可以慢慢发生，每个在家打印的人，都能去做。"

我的才华，你无可否认

你或许不关注时尚圈，但你无法否认亚历山大·王近年的势不可当。

当然，时尚圈对亚历山大·王褒贬不一。这个年仅 29 岁的男孩去年年底被任命为老牌巴黎世家的创意总监时，曾充满争议。有时尚评论家刻薄地说亚历山大·王是依靠美国《Vogue》主编女魔头安娜·温图尔的裙带关系而获此殊荣。时尚界最具权威的时尚评论家之一 CathvHoryn 对亚历山大·王毫不留情。她认为亚历山大·王只追求商业成功而不是设计的创新。

对此，亚历山大·王没有激烈反驳，他无法让所有人喜欢，但他希望让喜欢的人穿上他设计的衣服。

对于评论的暴风骤雨，他似乎有着四两拨千斤的情商。

他出生在美国加州的华裔家庭，父母从台湾移民过未，所以亚历山大从小接受双语教育，至今说得一口不算标准且语调逗趣的中文。亚历山大现在回忆起来都觉得童年有点孤独。因为父母是商人，而哥哥年纪要比他大好几岁。童年时的亚历山大必须学会和自己玩。他最喜欢的玩具是爸爸在生日时送给他的一套画板和彩笔。小学时，亚历山大表现出突出的个人绘画天分，他的数学成绩并不优秀，对其他科目毫无兴趣，只有绘画成绩每次都能得 A+。渐渐地，除了绘画，亚历山大发现自己也喜欢设计衣服，他在画板上简单地描绘出脑子里简单的服装草图，他常想这些草图如果有天真能制作出成品那是非常得意的一件事。

15 岁时哥哥要举行婚礼。亚历山大准备一份独特的礼物，他将人生的第一场时装秀在哥哥的婚礼上举行。从设计到裁剪到成衣都是他精心策划，尽管布料廉价，制作不算精美，但这场服装秀也让家人看到他在服装设计上的天赋，也坚定了亚历山大对于自己未来的规划。

16 岁那年亚历山大获跳级就读帕森设计学院的资格。大二那年，或许是亚历山大·王人生的转折点。在这一年，他通过自荐获得了进入美国《Teen Vogue》打工的机会。他在实习期间，对时尚的敏锐触觉以及专注的做事态度，获得了主编安娜·温图尔的赏识。这个传说中严厉苛刻的强势的女魔头，对亚历山大·王赞赏有加。她喜欢他有想法和有主见的态度。其后，亚历山大·王想尽办法，自荐跟在 Marc Jacobs 身边实习，他认为 Marc 的设计有鲜明特点，却不完全脱离现实，具备实穿性。而 Marc Jacobs 一直也是亚历山大·王认为最好的恩师。对于曾经实习期间的艰辛，遇到的挫折和不断的否定，亚历山大说，人生总有些出其不意的事情发生。无论经历什么事情，你所遇到的都是你未来成长的财富。

2004 年，年仅 20 岁的他成立了同名设计师品牌 Alexarlder Warlg。亚历山大·王掀起的运动感十足，但又不失时髦感的街头风潮席卷了全球时尚圈。短短几年，他成为纽约最红最年轻的华裔设计师，他的设计多次获得 CFDA 等时装界大奖，时装销售也节节攀升。

此外，亚历山大·王的情商也颇高，他善于与人交流，充满活力，就像任何一个加州年轻人那样让人觉得坦诚而有亲和力。他与模特、明星打成一片，人缘极好。时尚网站 Fashionista 曾调侃亚历山大·王说，在他的每场秀结尾，他都会雀跃着从后台欢乐地小跑到前台，就好像把每一场秀都当作自己的第一场秀来庆祝。他对于设计的热爱，以及从不懈怠的态度，注定他在这个圈里有着不可或缺的一席之地。

亚历山大·王说他期待人生更多的可能性，即使毁誉参半，他也有着自己坚定的决心。就像他面对媒体所说，你可以不喜欢我，但无法全盘否定我。

飞越大海的蜻蜓

一个的年轻人总想成就一番事业，可是他什么也没有，一无资金，二无技术，家里仅仅只有一大片山林地，他也知道，仅凭这片山林地，土里刨食，是不会有大的作为的，仅仅只能混个温饱而已。

一天，他在一本杂志上看到了这么一个故事：

一位生物学家发现了一个奇怪的现象，每年 10 月，印度洋岛国马尔代夫都会迎来数百万只蜻蜓，如同一场盛大的蜻蜓聚会。几天以后，这些蜻蜓便会神秘消失，不久，这些蜻蜓便出现在了离马尔代夫约 9000 多公里的非洲大陆，蜻蜓的生存离不开淡水，在由马尔代夫到非洲大陆的茫茫印度洋上，根本不可能有淡水，这些只有一双薄翅的小小昆虫，竟然创造了史诗般的飞翔奇迹，这是令人无法想象的事情。须知，每年的这段时间里，蜻蜓所经过的海域和陆地都是风雨交加，弱不禁风的它们，如何找到淡水，穿越南亚大陆和非洲大陆中间几千公里的大洋呢？

经过多年的观察和研究，生物学家最终发现了这些蜻蜓成功飞越的秘密，而答案正是人们担心的风雨。每年的 10 月份到 12

月份，位于印度洋低空的季风都会从南吹向北，这对于从北向南迁徙的蜻蜓大军来说是可怕的麻烦。但是，在 1000 米以上的高空，会有一个叫做"热带辐合带"季风系统从印度向南移动，越过马尔代夫，直到非洲大陆。好风凭借力，蜻蜓们正是提升了飞翔高度，避开了逆风，然后借助这个季风带的力量，完成了这看似不可能的长途旅行。而也正是因为有雨水，当它们在岛屿和陆地上前进时，才可以及时补充能量。

翅膀单薄的蜻蜓，因为善于借助季风的力量，所以，它们能飞越数千公里的茫茫沧海，创造了令人类也望尘莫及的飞翔神话。

年轻人恍然大悟，既然蜻蜓能够都懂得凭借外力，创造飞翔神话，飞越茫茫大海，更何况人呢？

于是，他以山地作为抵押，向银行申请贷款，取得畜牧部门的技术支持，办起了绿色生态养殖场，"好风凭借力，送我上青云"，凭借山上清新无污染的环境，打出绿色招牌，规模不断扩大，实现了自己的人生梦想。

机会虽小，但大事可期

现代社会真成了微世界：微博、微信、微电影、微幸福……还有一种"微"却被人们忽略，那就是微机会和小成功。

阿诚，初中毕业后在家务农，后来省道拓宽，家里的田地被征用了，他不得已到镇上的纺织厂打工，一天要工作 10 个小时。阿诚没有技术，没有文化，没有长远眼光，也不可能遇上什么大机会。他以为这辈子不过如此。

此时，纺织厂里急需一种中间钻洞的铁片，原先供应铁片的是一位五金店老板，他觉得利润太薄，不愿做了。车间主任非常着急，问阿诚："你想不想赚点外快？如果你能制作这样的铁片，每个两分钱，一晚上可以赚二三十元。"车间主任还说，车间里有一台旧钻机，让人修一修，算是借给他了。

碍于情面，阿诚把这活儿接下来了。夫妻俩连轴转地干，这样一个月下来，能赚上 1000 多元——这是辛苦钱。没人认为在家钻铁片是一个大机会，阿诚也从没这样想过。

过了一年多，纺织厂设备更新，不需要这种铁片了。阿诚准备归还旧钻机，但车间主任说钻机送他了，还申请了 1000 元，作为他为工厂救急的奖励。钻机就闲置在阿诚家。

一次，阿诚到一家空调厂找一位旧相识。在办公室里，他听到两个人讨论一个铁质拉伸件的钻孔加工。他干过一年多的钻孔业务，这样的讨论把他吸引住了。他拿起桌上一个拉伸件，看了看上面的几个孔，准确地报出了口径。

那两个人一愣，问："看来你也是行家，做五金的吗？"

人总有一点虚荣心，阿诚撒了一个小谎："我家里有个小五金工厂。这种钻孔不是很复杂，我肯定可以钻出来。"两人笑了，说："我们给你材料，你明天就制作一些样品送过来。如果通得过，我们可以委托你加工。"阿诚十分偶然地得到了一批空调厂拉伸件钻孔业务，每月又可以赚 1000 多元了。

他也没觉得这是一个大机会，但后来发生的故事就精彩了。阿诚经常往空调厂送货，一来二去，认识了厂里不少人。后来空调厂与大厂合资，厂里的人帮他争取到了三分之一的钻孔业务，继而又争取到其他三个小五金简单加工业务。他先是购置了三台钻机、两台机床，后来接的单子太大，他买下了村里一块闲置地，真的办起了五金厂。

无独有偶。有个年轻人，没文凭，来到北京，当了一名送奶工。之后，他凭着努力，成立了一家小小的送奶公司。由于他诚实守信，服务优质，几年打拼后，公司发展出 20 万个家庭订户。

一天，他与一位做广告的朋友聊天时想到，现有的订户，不就是一个极其庞大的网络吗？这张网只用于送奶实在太浪费。他又成立了广告传播公司，传播人员几乎全由送奶工兼任。

初战告捷，他决定兼营更多业务，便与一些商场合作，进行电子商务配送，还创办了广告杂志。由于形成了良性循环，订奶客户也很快发展到 30 万户，员工从最初的 3 个人发展到 2800 多人，资产由 2000 元猛增到 1.5 亿元。

这位已成亿万富翁的年轻人，名叫吴作仁，他的公司被评为第三届全国文明社区贡献大奖，他本人也荣获"北京市十佳外来青年"称号。

很多人认为一个成功者肯定与别人有不一样的经历，事实上，成功的样貌其实非常平实：它可以由一个又一个的微机会串联而成，如微不足道的一份工作、一份外快，甚至一句闲话，都能成为机会，可以叫微机会吧。但，微机会，有时也能做大事。

心有自由，何处不自由

[怀念童年的星空]

大学刚毕业的时候，基德是一名网络工程师，每月五六千元工资，很安稳，可他受不了。他喜欢自由随性的生活：随时出去走走，看看外面的蓝天白云。他很快辞去工作，去学摄影。

他开了自己的摄影工作室，主要业务是拍摄婚纱、创意和唯美类的人像。职业人像摄影是一份需要有敏锐洞察力的工作，他的灵感和天赋很快在摄影上找到了用武之地。两三年后，基德获得了大小多个摄影奖项。

但是，在夜深人静的时候，基德想过，远离都市喧嚣、无忧无虑、在星海中畅游……看着窗外并不明显的星星，他总会想起童年时代的夏天夜晚。小时候，他住在重庆鹅公岩大桥下的黄家码头，夏夜，江风吹进院子，他和小伙伴躺在石板上，抬头就是满天星星，像钻石铺满蓝丝绒般。

"现在，你在城市里，抬头还能看到星星吗？"他摇摇头，"看不到了，我最初拍摄星空，就是想找回童年数星星的感觉。"

某一天夜里，发呆的基德萌发了去寻找最美魔幻星空的想法。

"追星"是一种解压的生活方式

从此，基德常常和一群热爱星星的白领相约，周末一起拍摄星星，享受大自然带来的静谧。他们先后摸黑攀爬了沙坪坝区的平顶山、歌乐山，南岸区的南山等地，最终确定巴南区丰盛古镇的铁瓦寺山为拍摄地。

2012 年 10 月 29 日，基德一行 10 人，来到铁瓦寺山。在山顶找到一块平地，拔除荒草后支起相机三脚架，等待夜幕降临。晚上 7 点左右，太阳落山，星星开始闪现。晚上 8 点后，天空完全黑了，星星的数量也达到最多，他们用多种方式拍摄了璀璨的星空。

他们当中有很多人，已经多年没看见有星星的夜空了，有的人是第一次看到这么璀璨的星空。仰望着星空，头顶那璀璨、寥廓、深邃的苍穹，让人心底宁静似湖，偶有流星划过，又激起一片涟漪。是夜无眠，守候至晨光初现，收拾好行囊，拍掉身上的露水，他们才意犹未尽地和星空说再见。

为什么这么迷恋星星？基德觉得，在寂静的山顶上，仰望浩瀚无垠的星空，心情会立即得以平静，"追星"其实是一种解压的生活方式。

[定格最美的星空]

在追星的日子里，基德拍到过卫星划过木星的奇妙场景的照片，也欣赏到多达 2000 颗的流星。

很多人不知道，哈勃望远镜的太阳能板会反射阳光，因此在环绕地球转动的时候，它会变成最明亮的星星。观星爱好者，会事先计算好"哈勃"的轨道和反光时间，然后蹲点守候。不过，与"哈勃"的邂逅是可遇不可求的"艳遇"，诸多条件中哪怕一个不符，都会与它失之交臂。

2011 年 8 月 12 日，基德迎来了让他终生难忘的时刻——浩瀚的星海中，特别明亮的"哈勃"优雅地划过木星。基德太激动了，"咔咔咔"拼命拍，回去翻看照片才发现，照片右下角居然还"带"上了一位举着天文望远镜的观察者。

另一次难忘的经历在 2012 年，英仙座流星雨。当大颗大颗的流星倾泻而下的时候，整座山头全是欢呼声，那天晚上，基德至少看到了几百颗流星。在所有的流星中，基德最喜欢"火流星"："它们飞行起来，会发出'噼里啪啦'的声音，有些还带着尾烟。每次看到它们，我都能感到一种震撼人心的力量。"

2012 年年底，基德萌生了一个想法：到中国大陆的东西南北 4 个点，拍摄心中最美的星空。基德的想法得到了同是摄影爱好者的廖瑞和苏昊的响应。廖瑞本来是重庆一家眼镜行的验光师，为了这次活动，他毅然辞去了工作。苏昊是深圳人，刚刚结婚一个月。3 个人自驾一辆车，从重庆至青海，穿越柴达木盆地和死亡之海——塔克拉玛干沙漠，抵达帕米尔高原，翻越魔鬼城、泥火山，再由西至东跨越整个内蒙古大草原，穿过大兴安岭，到达北极村，最后，沿边境线抵达黑瞎子岛。

这次追星，他做足了准备。出行清单里，包括感冒药、跌打酒、止泻药、GPS 卫星定位仪、登山绳、铁锹等近百种物品。基德在一家网站上筹集到了 8000 多元的经费，支持他的这个梦想。他说："2.5 万公里，8000 元光是油费都不够。我想通过这种方式减轻一些经济负担，也想通过这个平台，把我的照片分享给陌生人。"

在新疆，他们一待就是一个月。拍摄星空需要的是安静等待，在新疆克拉玛依地区的乌尔禾魔鬼城，零下 37℃的极寒深夜，基德他们蹲守了一夜，拍下了美到极致的星空。

经过新疆禾木村，3 个人去山顶拍照，途中遇到大雪，在山里被困了 6 天 6 夜，好在带的食物充足，他们才熬了过来。

2013 年 2 月初，他们算好流星雨的时间，赶到内蒙古的额济纳旗。由于空气质量好，那晚他们看到了 100 多颗流星，绚烂至极。基德把此行拍摄的星空照片命名为"最美星空"。

2013 年 6 月，旅行回来的基德把照片传到网上。每一次照片上传，都吸引来大批粉丝。在基德的个人网站上，留言很多："疲惫的都市人，看看星空照片，可以洗洗眼睛，净化心灵。即使你没机会远行，在星空下也能找到你丢失的梦。""如今的都市难见这样的星空，让我再次回到那神奇的世界。"

基德认为，不是非要拍摄星空，不是非要徒步暴走，也不是非要辞职上路才叫自由。只要心里有自由的梦想，在你的能力范围内，你肯定能找到一种合适的方式去释放，去回归。

"我努力拥抱生活，努力让自己的生活不那么平淡。在这世间，各有方式，无须雷同，最终得到属于自己的微弱领域，独自璀璨，如星辰。"这是基德送给自己 30 岁的寄语。

我在路上，
不　曾
停下脚步

我在路上，徘徊过，迷茫过，却从不曾停下脚步

人生的意义，

在于不断地抉择，

在放弃间失去所该失去的，

得到所该得到的。

我在路上，不曾停下脚步

[前路道长且阻，而我以一腔热血勇敢相迎]

2010 年冬末，我毅然坐上了北上的火车。那一年，我大四，周身还环绕着梦想的光芒，我无知却无所畏惧，有着初生牛犊不怕虎的冲劲儿。

我终是不顾父母反对，怀揣着三千元积蓄和暖心的梦想踏上了这一场未知的旅行。

曾经的曾经，我无数次幻想过自己未来的模样。

也许，我能成为一名热心公益，接触形形色色生活在社会底层小人物的记者，又或者做一名不出家门半步，却能够用键盘敲出整个世界的职业写手。兴许，我还会拿起曾经放下的画笔，当一个富有创意的画家。

然而，用"也许""兴许"拼凑出来的始终都只是跳跃在我脑海中的假想。而这一次，我要做的事情是和真正的未来相逢。

列车载着我不断向北，我的心绪也变得愈加沉重。抱紧怀中那还有点儿余温的餐盒，想到泪眼婆娑与我挥别的母亲，我的心纠成了一团。说实话，我真是一个狠心而又自私的女儿，假借着梦想的名义，在他们面前肆意妄为。

母亲原是万分不赞成我离家北上的，而父亲也未必心甘情愿地同意。从小到大，只要我一掉眼泪，父亲便铁定拿我没辙，只能由着我买了车票，大张旗鼓地整理行李。

临行前一晚，母亲与我长达一周的冷战，终于以她的投降而宣告结束。母亲塞进我行李箱里的各色药品、家乡的风味小菜、厚重的棉袄，让我以为她终于愿意放我高飞，她一句"出去看看也好，有比较才会知道家的好处，待不下去了就早点儿回来"却让我的自尊瞬间破碎。

我赌着一口气和她犟嘴，抛下"不混出个样子，坚决不回家"的狠话，然后憋着气再没同母亲说一句话。

[梦想的远方，是个和幻想中不一样的地方]

有人说，失去便是得到。人生的意义，在于不断地抉择，在放弃间失去所该失去的，得到所该得到的。只是我从南至北，失去的安逸立竿见影，至于该得到的却迟迟未能如愿以偿地得到，迎接我的只有颠沛流离的无所依傍。

初到北京，我暂租了一个床位。大通铺人多口杂，房间里弥漫着怪异的气味。最令我难以忍受的，是夜晚室友磨牙的声音。

我原不是多么娇贵的人，却没有想到来北京的第二天，便开始水土不服，上吐下泻。为了节省开支，我咬牙想要靠身体机能自我恢复而没去医院，却没想到这一恢复便是一周。

这一周中，我拖着疲惫的身躯，从城南跑到城北，辗转多趟车，面试了几家公司，结果却都不尽如人意。所谓的不尽如人意，结果无非就是两种，他们挑剔我，抑或我嫌弃他们，缺的就是两情相悦的一拍即合。

家里打电话来询问我的近况的时候，我早已经心急如焚，为着和母亲赌的那口气，却假装风轻云淡，说已经找到合适的工作，但是还想等等看会不会有更好的。

不知道是不是每一个未曾真正踏上社会的人，都将第一份工作视为神圣，有一种"好的开端就是成功的一半"的情结。毫无疑问，我偏执地拥有这样一种情结，固执地不愿意将就，以至于迟迟没能真正安定下来。

某一天，面试结束时已是华灯初上，望着灯火通明的街头、四通八达的道路，我的心在这寒冷的冬日里空荡荡地漏着风。

这城市那么大，我却无所依傍，不知该走向何方。这一刻，暖心的梦想早已经变得稀薄。

接到母亲电话的时候，我有那么一瞬间想脱口而出说："妈妈，这只是一座钢筋混凝土的冰冷城市，并没有所谓包容所有人梦想的阳光，我想回家。"但是，我还是咬牙忍住了，这是我自己选择的路，就算是再难，我也要走到再没有路可走的那一刻。

[我在路上，徘徊过，迷茫过，却从不曾停下脚步]

人生完美的事情始终太少。

妥协不过是一瞬间的事情。半个月后，我带来的三千元钱已经花得所剩无几。我别无他法，为了支付昂贵的房租、为了吃饭、为了生存，我不得不接受一份与我梦想差之千里的工作。

每天早起赶公交，倒两班车，花费一个多小时的时间在路上。吃盒饭和泡面，摒弃所有的娱乐活动，做这个城市最普通的上班族。我磨平了来时的棱角，变得平和而世俗，渐渐领悟了母亲的话，人生不止有梦想，还有烟火，所有的梦想都需要烟火的支撑。

"就这样吧，放弃吧！"这样的话语经常在我心底疯狂地叫嚣着，但我还是选择了努力屏蔽，想着咬咬牙再坚持一下，所有的一切都会好起来的。

在这段最煎熬的日子里，给予我帮助最多的还是最初对我最决绝的母亲。她安慰我，向我传授她的人生体悟，教会了我怎样坚持。

　　我曾害怕，倘若我继续留在这座城市，有朝一日，会变成一个麻木的人，被生活压迫着，牵着鼻子走，翻不了身却也割舍不掉这些年的所有。离不开，放不掉，最终会变成连自己都陌生的模样。

　　所幸，这样的日子并没有持续太久。机缘巧合，我等到了一份梦寐以求的工作，每天被梦想叫醒的日子是幸福的。就算工作繁琐而又冗长，但是一步步地向梦想靠近，我满心欢喜。

　　很久不曾设想过的未来模样，在接近未来的现在，终于逐渐变得清晰起来。

　　我走在来时的路上，曾徘徊过，曾犹豫不决过，却终于在坚持许久后，在转角遇见了我梦想中的幸福。

　　我希冀着，有一天，我会满载着荣耀荣归故里。不为最初的倔强和赌气，而是为了向那些爱我的人交上一份满意的答卷，更是为了对自己选择的人生勇敢地埋单。

经营现在的自己，成就未来完美的你

～～～

[1]

同学聚会过后，朋友跟我说，好多同学都显得苍老了，相貌、精气神都没法跟年轻时比。

我说这都是自然规律，谁也没有长生不老药，谁也不能阻挡时光的流逝。

以前我也会经常感慨时光的流逝，但是现在的我，从来不这样认为，我总是看未来。

我相信，未来的某天，当我变成耄耋老人，满头银发，翻看现在的照片时，一定会说："你看我那时候多年轻。"

很多人都愿意回顾过去，和过去比较，总是感慨自己浪费了多少好时光，却没有意识到，在这种感慨中，好时光又悄悄溜走了很多。

所以对于未来来讲，现在的我一定是最好的我。因此，我们不需要总是向过去看，过去的已经过去了，除非为了总结经验，没必要回头。

　　我们只有珍惜现在，只有爱上现在的自己，才能在未来看到更美好的自己。

［2］

　　看到朋友萍萍（化名）在朋友圈发出她的家庭日历。30天中，每周都有三至四天上写着加班，且三个星期六上写着加班，还有一周三天写着婷婷生病。日历旁边写道，这个月除了加班就是争吵。

　　婷婷是她女儿，而她的工作，我知道很轻松，根本就没有加班。随便想想就知道，那个加班的人是她老公。

　　可是还是有很多好事儿的朋友问，谁加班呀？果然，萍萍回复说当然是家里那位。

　　萍萍是我眼中温柔的女性，做事有条不紊，说话慢条斯理，但是她在家却蛮有泼辣作风。

　　因为父母都不在身边，孩子全是她一个人带，家里也是家务活的主力，我经常在下班路上，看着她要么抱着孩子要么领着孩子提着大包小包的菜往小区里走。

　　她经常在朋友圈里晒厨房手艺和带娃经历，很懂得经营自己的生活。

　　最近听说她老公新升了职，应酬很多。看到她晒的日历，我立刻神同步脑补了其他的画面。

一个辛辛苦苦带娃的妈，幼儿园接完孩子，菜场里买菜，然后回家给嗷嗷待哺的孩子做晚饭，边做家务，边陪孩子做游戏，哄完孩子睡觉，还要等老公回家。

如果老公喝得少还好，如果喝多了，还得帮他清理呕吐现场，然后第二天，要么面临冷战，要么争吵。

这种场面，相信很多女人都经历过，只不过程度不同而已。

男人当了爸爸之后，既可以当爸爸，又可以做自己，但是女人当了妈妈可就不那么容易，总有很多放不下，于是自己的时间就被抢占了，就被分割了，自己也就不是自己了。

时间久了，女人就被磨得没有理想了，就成了那个只能在家等男人回家、等孩子放学的女人，就像门上贴的门神，在看不见的时光流逝中从女神退化成女人。

那写在日历上的每一个"加班"的字都是带着多少期待和多少幽怨啊。一个人带娃的委屈，一个人做家务的委屈，一个人支撑着孤独夜晚的委屈。

属于两个人的繁琐如果由两个人共同分担，可能会变成一种诗意的享受，但如今却要一个人独自肩负，那就变成了百爪挠心的负担。所以萍萍说最近除了老公加班就是和老公吵架。

有了委屈当然需要发泄，女人也不是钢铁侠，什么都能自己

扛。尤其是在这种奉献自己，求得认可的过程中，慢慢地失去了
自己。

人的时间总是有限的，管得了这个，就顾不上那个，想着这
些繁琐的家务，就没有时间想梦想，就没有时间爱自己。

萍萍比我小几岁，她一定没有意识到，现在的时光才是她最
好的时光，如果她不好好利用现在，只在等待老公回家的孤独和
寂寞中慢慢消耗时光，将来一定会后悔虚度了现在的好时光。

她应该好好利用这段时光来提升自己，来爱自己。

[3]

所谓爱自己，不光是把自己打扮得漂漂亮亮的，还要投资自
己，经营自己，让自己变得有价值，有实力，让自己可以因为实
力而获得尊重。

只是，这些都需要时间和精力的投入，当你花费了更多的力
气和时间在照顾老公上，在培养孩子上，在等待老公回家和跟老
公争吵上，你就没有时间去补充能量，你就只能注定在老公和孩
子身上收获回报。

只不过当那一天来临的时候，他们是否认可你的付出。他们
会不会因为当时你的吵闹和唠叨，而甚至认为是你拖了他们的后

退，要不然他们可能成才得更快，或者更有出息。

所以与其经营一段不靠谱的投资，不如好好利用这段时光来经营现在的自己。

我另一个女朋友，老公工作非常忙，经常出差应酬。但是她就把时间过得井井有条，甚至安排得比老公还忙碌。

除了照顾孩子，她每周带着孩子和朋友打一次羽毛球，每月陪孩子读一本书。

孩子写字画画的时候，她就写作，她说她自己忙到没有时间想老公的事，更不可能有时间跟老公吵架。

如今她的第二本书已经写完了，马上发行，而她又在马不停蹄地策划她的第三本书。

只有这样领略到成功的女人，体验着美好现在的女人，才能用事实、用实力告诉我们。如果不爱上现在的你，不投资经营现在的你，哪有可能在未来看到更美好的你。

[4]

爱情，是两个人彼此相爱。两个人应该因为爱情而看到更好的自己，更幸福的自己。

任何一方的不幸福，都不应该是爱情应有的模样。

　　因为和萍萍很谈得来，所以，我找了个机会跟萍萍说了作家朋友的事。我告诉她，老公不在家，如果眼巴巴地瞅着表，等着他回家，反而更焦虑，不如刚好利用这段时间好好充充电，赶紧把经济师的证书拿出来。

　　萍萍说，确实是这样，她也意识到了，再这样下去，她也要魔怔出病了，得赶紧找个寄托。

　　萍萍的聪明在于善于向别人请教，善于听别人劝，所以我也觉得她一定能处理好婚姻中这类看似很小却足以摧毁婚姻的问题。

　　女人在进入婚姻之后，往往为了家庭奉献了很多，得到很多的同时，也失去了很多。

　　如果女人不懂得爱惜自己，任由爱情以爱情之名消耗自己的时光，任由爱情以爱情之名扼杀自己的理想，那么等待自己的一定不是美好的未来。

　　在那些孤独的时光，无助的时光里，更要学会爱，不光是爱孩子，爱丈夫，更要学会爱现在的自己，投资自己，经营自己。

　　只有这样，才会拥有美好的未来，拥有有实力的未来，才会在未来看到更美好的自己。

遭遇挫折，只怪自己不努力

遇到挫折，无论怎样怪别人，最终都是徒劳无益的。那么我们也只能是怪自己没有选择好，因为任何时候只怪自己，始终是最明智、正确的生活态度。

小时候，每当我们不小心摔倒后，第一个念头就是找找看是什么东西绊了脚，我们总是怪别人乱放东西，实在找不到什么还可以怪路不平。尽管那样做对于疼痛的减轻并没有直接效果，但能找到一个可以责怪的对象多少算是一种安慰，可以证明自己没有责任。

长大后每当我们遇到挫折时，也总是不自觉找出许多客观原因来开脱自己，实在找不到原因时就说自己的命不好。我们并不认为这样开脱自己其实是一种绝对的幼稚，因为我们总在想方设法地一次又一次欺骗自己。

有一个早几年就下海开公司的朋友近来走了"霉运"，原本蒸蒸日上的业务突然间屡屡失败，公司里多年来一直忠心耿耿跟随他左右的两个业务副总管离开了他，甚至"跳槽"到他竞争对手的公司去了。

在内外交困之中，这个朋友并没有认真、及时反省自己，反而一味地责怪过去的战友背叛了自己，因此沉湎于愤怒和伤心之中，不再相信别人，动不动就发脾气，结果是恶性循环，整个公司上下人心涣散，陷入了更大的困境。

其实公司经营上出现了问题，作为公司老总的他，理所当然首先就不可能推卸自己的失误，即使是别人背叛也首先是他用人不当，如果老是怪东怪西，把所有的过错归咎于他人，那么必将面对更大的危险。所幸的是这位朋友在家人的提醒下终于醒悟过来，开始承认自己过去各方面的失误之处，并客观总结由于自己的固执已经带来的失败和教训。

怨天尤人其实是一种懦弱，更是一种不成熟的表现，不但掩盖了自己不能面对的现实，还留下了将来可能重蹈覆辙的隐患。而不客观地责怪他人还会衍生出新的矛盾。一个真正意义上的强者并不是一个一帆风顺的幸运儿，必然要经历各种痛苦和挑战，而战胜一切困难的人首先必须战胜自己，战胜自己的前提就是反省自身，只怪自己。

只怪自己是一种解脱。因为我们不肯认错无非是顾及自己的面子，不肯承认自己的失败。事实上这个世界上从来就没有常胜将军，所有自我的包袱和面子在勇敢地承认自己的失误之时就已经悄然放下了，他会因此变得轻松。所谓"吃一堑，长一智"，善于总结自己的人就会把失败的教训变成自己的财富。

　　只怪自己是一种力量。而习惯于责怪他人的人迟早要招致怨恨，一个勇于律己的人无疑是高尚的，他会因此有包容整个世界的力量，让所有人钦佩其不凡的风度并乐于交往。

　　只怪自己是一种境界。其实就算别人真有可以谴责之处，过分地责怪也是于事无补的，生气更不能解决任何问题，而从自身检讨才是一条唯一可行的道路，根本就不存在什么问题。在这个世界上最难以战胜的敌人其实就是自己，如果一个人已经到了只剩下自己这一个对手时，实际上他已经是天下无敌了。

未来太迷茫，那就把握好现在

我认识一个北京人，他是搞动物学的，但是他研究的是一个非常冷门的方向：蟑螂。很少有人研究这种令人恶心的生物，所以他的工作一直不被人理解，甚至家人都嫌弃他。但是他就是对蟑螂特别着迷，天天与蟑螂为伴。他职业生涯的前十五年都非常低迷，过着非常清苦的生活，出版了不少书但都没有销路，无人问津，可他从来不气馁也不后悔，他喜欢研究蟑螂，喜欢研究这种生命力顽强而又给人类造成巨大困扰的生物。直到十几年前，北京突然开始闹蟑螂，严重的程度简直令家家谈蟑螂色变。然后突然有人发现了这么一个蟑螂专家，他出版过很多著作，讲蟑螂的习性、蟑螂的特点、如何防治和杀灭蟑螂等等。于是他突然红了，上电视，录广播，接受采访，写专著，开公司，到处有人请，所有人突然开始尊重这样一位原本人人避而远之的蟑螂学家。他职业生涯的前十几年无人问津，孤独清苦；后十几年大发其财，红透京城。现在，他统领着上百人的研究团队，主导着几十亿元规模的生物化学公司，出版了几十本著作，受到无数人的尊敬。当初他知道蟑螂会肆虐京城吗？当初他知道他将来所有的辛苦都会得到回报吗？真的不知道。但可以肯定的是，假如他当初没有坚定地做好他的研究，而是在别人的劝说下放弃了他的爱好，那么，他一定不会有今天的成就。

所以，我送给大家一句我经过十几年职场打拼总结出来的话：看不清未来，就做好现在。

如果你觉得迷茫，现在就不努力，那么你终将一事无成。如果你觉得迷茫，但是坚定地做好现在的事情，那么你终将变得不再迷茫。

看不清未来，就做好现在。

只有奔跑，才能不像驴

当我开始用"驴"这个修饰语的时候，我才猛然间发现汉语的博大精深是再厚的字典都无法穷尽的。

[1]

春天的午后，我躺在这座自己尚不熟悉的校园草坪上，尽情享受柔和的阳光带来的慵懒。电话响起，我并不想让任何事情打扰我的美好。直到它执著地响了一分钟后，我才不情愿地按下了接听键。"阿坚，你这头驴在干什么啊？"是他，是阿杰。"你驴啊！"在我感到喜出望外的时候，我知道这是最好的回答。"在这里说'驴'，都没人知道是什么意思。"远在长春的阿杰开始兴致勃勃地讲述自己这半年来的奋斗史。老人常说，有些事情只有自己经历了之后才能真正明白其中的道理，就像中国的文化，当我开始用"驴"这个修饰语的时候，我才猛然间发现汉语的博大精深是再厚的字典都无法穷尽的。

第一次听到用"驴"来形容一个人是在大一将要结束的时候。

考完最后一门英语，我拖着有些疲惫的身子回到宿舍。推开宿舍门，阿杰刚从床上爬起来，伸着懒腰问："干什么去了？"他的话让我有点摸不着头脑。"刚考完英语啊！""英语？我有点驴了。"那一瞬间，我发现阿杰那双惺忪的双眼突然变得明亮而后又变得阴暗，最后流露出懊悔与不甘。很显然，无论阿杰再怎么懊悔与不甘，都无法改变他缺考的事实，更是无法改变他成为一头驴的传说。

[2]

有人说没有哪些事情是注定的，但是事实却是很多事情是注定要发生的，就像有些人注定要成功，有些人注定要成为朋友一样。大学的第一个暑假，宿舍里只有我和阿杰没有回家——阿杰要准备英语补考，而我则希望能够在大学里做到经济独立。我费尽九牛二虎之力为自己找到了一份多数大学生都能做而又不是特别累的工作——家教。八月，S市的太阳就像是水泵一般拼命吸走人们身上的水分，炙烤着那些挣生活的人们。我每天早出晚归，尽心尽力工作，却始终无法在微薄的收入与要独立的誓言之间找到平衡点。令人奇怪的是，阿杰每天也是早出晚归，我却不知道他在忙些什么，因为他根本不用为了英语补考费很大的力气，他只是在等一个补考的机会罢了。

　　"阿坚，你每天这样累不累啊？"阿杰突如其来的一句话让我感到有些诧异，而他似乎并不在等待我的回答，"通过这段时间的观察，我发现如果在夜市摆地摊可以挣不少钱，并且我……"原来这段时间阿杰一直在寻找"商机"，他发现在夜市摆一个小摊位是不错的选择，投资小回报大，并且他已经找到了合适的摊位以及进货渠道。现在，他只是需要一个合作伙伴，我自然而然地成了不二人选。第二天，我便辞去了那份来之不易的家教工作，和阿杰一起在一条夜市街上卖起了 DIY 的 T 恤。

[3]

　　夏日的夜晚，夜市上人们熙熙攘攘。我们为人们提供 DIY T恤的绘画工具，让顾客在白色的 T 恤上尽情挥毫泼墨，着实吸引了不少年轻人。我不得不佩服阿杰的头脑，这样的一个小摊位给我们带来了很可观的收入，而我也真正做到了经济上的独立。就这样，我们守着夜市上的这个摊位，夏天卖 DIY 的 T 恤，冬天卖工艺品，每天的收入足以让我们过上很舒适的大学生活。

　　爱因斯坦曾说，一个男人与美女对坐一小时，会觉得似乎只过了一分钟；但如果让他坐在热火炉上一分钟，却会觉得似乎过了一年。美好与舒适的生活总是过得很快，当时间的脚步迈到大四时，我突然意识到梦就要醒了。在人山人海的招聘会现场，我和阿杰不知道投出了多少份简历，但却很少收到面试的通知。失望之余我们明白，这些都是因为我们的学校"太低调"了。那一晚，我们没有去夜市经营我们的"生意"。走在S市最热闹的街道，喝了酒的我们像疯子一般大声叫喊着："为什么？为什么？难道我们就注定一直做夜市的小贩吗？"是啊，我们很清楚在路边当小贩必定不是长久之计，人总要学会改变。

社会的竞争总还是有公平之处的，当它提高准入门槛的同时，也会给人们带来一个可以提升自我的机会。第二天，我们转让了摊位，变卖了所有的存货，考研自习室成了我们新的"生意场"。我告诉阿杰，如果我考上研究生的话，我要到另一个更大城市的夜市摆地摊。"你驴啊，考上研究生学校补助那么好，只有驴才去摆地摊呢。"阿杰似乎对未来充满了信心。

[4]

记得有位师兄曾经说过，大四不考研，天天像过年。我和阿杰已经不敢奢望去过这样的年了，我们必须努力为自己争取一次改变命运的机会。为了充分利用剩下的每一分钟，我们随身携带了一本记录着各种知识点的小册子，只要一有时间便拿出来相互提问，每当回答错误的时候，都会受到对方的鄙视与叫骂："你驴啊！"这样的声音充斥了校园的每个角落：食堂、走廊、宿舍……当然也常常引来人们各种厌恶的表情和惊讶地回头，而我们却渐渐地发现这已经成为了我们日常生活中一项不可缺少的乐趣。

在经历了不知道多少天没日没夜的学习之后，我们从容地走进了考场，而两天的考试并没有想象中的那么不堪。那天晚上，我们喝了很多，阿杰说："谁要是喝不下去，就大声喊'我是一头驴'。"于是在接下来的半个小时，我们像两头驴一样的叫喊声不知道吓跑了饭店的多少客人。阿杰把我带到操场，拿出不知道什么时候准备的一盏许愿灯。我说："你驴啊，这玩意儿要是管用，我早就买一万盏了，还用每天这样像头驴一样啊！"虽然这么说，但我还是很虔诚地和阿杰一起倒腾着这盏不知道能不能飞起来的孔明灯，就像很多人说明天一定要好好学习，结果第二天还是很投入地玩着各种游戏一样。

[5]

那盏孔明灯在被我们烧了一个大洞的情况下，还是很不情愿地飞了起来，我们双手合十许下了自己在第二天就已经模糊的愿望。

有一句特别励志的话是这样说的："一个人应该有一个高得离谱的目标，那样即使失败了，也比别人成功。"考研的结果揭晓，坏消息是我们都没有考上自己理想的学校，好消息是我们都被调剂到了比现在的学校好很多的学校，我们有了一个更高的平台。分别的时候阿杰告诉我："好好混，再也不要像现在这么驴了。"

……

听着电话里阿杰讲完这半年多的奋斗史，我起身向图书馆走去，我仿佛看到了两头在草原上不停奔跑的驴……

别人背后的磨难，你是看不见的

在我们身边，似乎永远有那么一两个人，他们不用付出多大的努力，不用流多少的汗水，随随便便就可以取得普通人眼中奢望的成功。

我们太容易盯紧别人的成功了，也只看到了他们的成功。在我们的眼中他们的成功来得如此随意，习惯性的忽略他们背后的付出。

有句话是，你看到的都是别人想让你看到的。

我们习惯了看舞台上的光鲜亮丽而忽视他们背后一次次的摔倒，习惯了看他们潇洒自如的演讲而忽视他们背后对着镜子一次次鼓励自己从来再来，习惯了看节目捧腹大笑忽略了背后摄像与后期的不分昼夜地辛苦。

即使他们再多的光环加身，他们也只是一个普通人，也需要常人不能忍受的磨难才能成功。

[1]

没有任何一种的成功是凭借一腔热血就可以功成名就的。

异想天开人人都会，你与人的差距就差在一个付出了实践，一个付出了更多的幻想。

大二的时候我宿舍的大壮常常幻想着自己做点小生意，能够靠自己的能力养活自己。

能够有这样的想法无可厚非，毕竟长大成熟是一件值得高兴的事情。怕就怕在你自大，认为自己已经有了足够应付这个社会的能力。

大壮是一个相对于我们较为成熟的人，社会经验比我们这帮天天生活在象牙塔里的学生多得多，所以他也自认为可以靠自己吃饭。

那时候学校附近的台球厅和小酒吧比较火爆，大壮瞄准了这个商机，找到一个中年人合资开了一间小酒吧。

开始的时候生意还算可以，因为朋友同学都卖他面子，去他的酒吧里消费。

好景不过两个月，大壮的酒吧就面临着倒闭的危险，好歹撑了一个学期，彻底倒闭。大壮也由酒吧里的住所搬回了宿舍。

我们一起出去喝酒，大壮喝高了，抱着啤酒上了桌子，一边闹一边哭。断断续续的也说出了开酒吧惨败的原因。

大壮和那位中年人一起合资，大壮出百分之三十，但不管账目，负责客户，最后盈利两人五五分账。急需成功来养活自己的大壮同意了。

　　后来那人就每天从营业额里拿走一部分，入不敷出，酒吧的倒闭也就理所当然。大壮的失败更是顺其自然。

　　后来大壮跟我们说，"成功没有你想象的那么简单，别人能把这件事情做好不见得你也能做好。不要因为一腔热血去做事情，没有人随随便便能够成功。更不要因为一时的求胜心理去做事，你看到的是别人的成功，你看不到的，都是别人血淋淋的教训。"

　　是啊，万事哪有想象的简单呢？

　　别人成功的背后又付出了多少不为人道的付出呢？

　　认识一个大二的女孩，自己在大学里自力更生，做了一点小生意，虽然不能富足，但也足够自己温饱。

　　姑娘在学校的超市旁边租了一个摊位卖炒酸奶，除了每个月需要交的一千五的租金和炒酸奶的本钱再没有什么其他的支出。姑娘也肯吃苦肯努力，钱很快赚回来，剩下的除去租金全是利润。

　　在别人的眼里她就是那种简简单单就可以做成一件事的人，甚至在朋友圈里可以说是小小的成功。

　　但没有人知道她为了找进货的渠道利用休息的时间一条街一条街跑。在别人谈恋爱的时候她在为了进货能够便宜一点和人争论的面红耳赤，在别人悠闲的喝着咖啡的时候她在研究怎么能把酸奶做得更好吃。

　　人们往往因为一个人的成功而忽视他的努力。

条条大路通罗马，但你不付出常人十倍百倍的努力，无论哪条路都被你走成死路。

[2]

最近我跟一个小剧组拍一个微电影。

今天早上我们五点钟起床到海边拍摄。同行的有一个小演员，大概七八岁的样子。

从早上五点半拍摄到晚上八点半回酒店休息，吃过饭以后还要去拍夜戏。

海边最让人难以忍受的是阳光的照射，一行人全部被晒伤，从导演到场工，海风吹过来晒伤的地方火辣辣的疼。

我以为小演员会扛不住耍小孩子脾气，但他愣是一天没闹，想象中的掉眼泪更是没有发生的事情。小脸被晒伤，红了一大片。

后来我又知道，我们五点起床，小男孩比我们起的更早，因为他也要化妆。

荧幕上他们是光鲜亮丽的，但你没看到他们为了一个镜头重来了十几遍甚至几十遍。

当别的小孩子安心地享受童年的时候，他和一群成年人顶着两点钟的太阳在镜头前一次次的重新来过。

俗话说，台上一分钟台下十年功。

也有人说，你在任何一个行业内潜心研修十年你就会成为这个行业内的大师。

说到薛之谦大家现在第一个反应是歌手，而十年前有多少人认识薛之谦，后来先认识他的段子，再认识他的歌。

他为了唱歌坚持了十年，为了出唱片开网店开火锅店，把所有的财产用来支撑自己的歌唱事业。

幸运的是，他成功了。

在薛之谦的个人专访出来之前大家都以为他是靠着段子火起来的，少有人知道这个段子手为了唱歌坚持了十年的光阴。

你看在眼里的随便，是因为你不知道别人背后经历了多少磨难。

[3]

你总是把别人的成功看得简单，看得随便。你看到的都是别人成功以后的样子。

换句话说，你看到的都是别人想让你看到的。

请尊重一个成功者背后的努力，没有谁比谁容易。

人们都羡慕王思聪有几亿的资金可以随意挥霍，可你不要忘了他凭借自己的努力爬上了福布斯排行榜。

即使他动用了他父亲的关系，可一个庸才能够成功吗？不付出自己的努力能够成功吗？

别人的成功简单与复杂都跟你没关系，你要做的事情是活在当下，策划未来。

你自己碌碌无为又怎能够嘲笑别人呢？

你看到的简单，背后都是别人的磨难。

只有努力，运气才不会差

"妈妈，我想学芭蕾舞！"7岁的赵蕴辉拉着妈妈的手恳求。"孩子，你能行吗？"妈妈叹了一口气。"行，妈妈，你就让我学嘛！"心疼女儿的妈妈只好答应："孩子，要想穿上红舞鞋，你就要有勇气面对一切困难和挫折。"

90后的赵蕴辉出生在天津一个普通家庭，父亲常年生病在家，母亲又是个彻彻底底的盲人，全家只靠低保免强度日。从小就喜欢芭蕾舞的赵蕴辉无疑是全家人的希望。可是不幸再次降临到这个家庭。

那年，赵蕴辉3岁。腊月的一天夜里，赵蕴辉忽然发高烧，时断时续。等父母发现把她送往医院时，已经错过了最佳治疗期，造成赵蕴辉视神经萎缩，视力只有0.03。医生说："从医学上讲，她的眼睛已经失明，没办法纠正，也没办法戴眼镜！"自此，赵蕴辉对世界的记忆停留在了3岁。

黑暗中的赵蕴辉仍然没忘自己的芭蕾梦。7岁时，赵蕴辉在父母的带领下找到了小丑娃艺术团报名学芭蕾舞。好心的舞蹈老师不忍拒绝，免费收下了她。赵蕴辉非常珍惜这来之不易的机会，每天不辞辛苦坐两个小时的车，学一个半小时的课再回去。因为眼睛看不见，每次她都是先记得大致轮廓，回家再仔细揣摩练习，还让妈妈帮她按腿、下腰，常常练得汗流浃背。拿捏不准的地方再去问老师。一次在家里，她的左脚在一次练大跳时不慎受伤，但她硬是咬着牙，缠上绷带，坚持学习。

眼睛的不便，让她和同学们有了差距，赵蕴辉就每天提前两个小时到，推迟两个小时走，加班加点地练功。老师深受感动，每次等学生走后，都会再反复认真教赵蕴辉。一次下大雨，父母都劝她不要去了。"放心吧，这点雨怎么能阻挡我呢！"就这样，赵蕴辉一直坚持了 6 年，从未缺过一节课。

机会终于来了。2006 年，天津残联组织舞蹈队参加全国表演，决定以她的亲身经历改编舞蹈"盲女的梦"，并由她担任领舞。13 岁的赵蕴辉第一次站到万众瞩目的舞台上，心潮澎湃。面带自信的微笑，她开始欢快地跳起来。舞姿优雅唯美，安详的笑容，诗般的空灵，如果不是亲眼所见，谁会相信她是个盲人呢？台下的观众不时掌声雷动。比赛结果，赵蕴辉获得全国少儿舞蹈比赛金奖，被媒体称为"中国首位盲人芭蕾舞者"。捧着奖杯，她和父母喜极而泣。

努力的孩子运气不会差。天津音乐学院附中爱才惜才，主动接收赵蕴辉接受专业舞蹈学习。赵蕴辉暗暗发誓："我一定会赶上甚至超过所有人！"微弱的视力给赵蕴辉的求学带来很多困难，上课时，她总是坐在第一排，还要借助一部望远镜才能看到黑板。但由于望远镜的可视范围很小，她经常看不清老师的课件，只能凭记忆或下课找同学借笔记复习功课。练功时，赵蕴辉更是付出了常人难以想象的努力。周一到周五，每天早上 4 点半起床练舞，一直到晚上 10 点结束。周末又到北京学习舞蹈，一天周转 3 个地方，周日凌晨坐末班车回天津，而视力不好的她还经常坐错车。3年后，赵蕴辉以全校专业第一名的成绩被保送天津音乐学院舞蹈系。

2009 年 6 月，赵蕴辉被授予天津市"十佳自强青少年"称号；2012 年 10 月在天津卫视首播的《中国丽人》节目中，赵蕴辉一曲《烛光里的妈妈》感动了所有的观众和评委，成功当选首位"中国丽人"；2014 年 4 月赵蕴辉被邀登上《超级演说家》，用名为《礼物》的演讲打动了全场，人们都被这个身残志坚又乐观的女孩感动到飙泪。

如今 22 岁的赵蕴辉已经顺利毕业，并在北京创办了芭蕾舞蹈培训中心，投身教育事业，希望更多的孩子因她而喜欢芭蕾。"下一步，我想出国读艺术硕士，积累经验、学习英语，努力让自己离梦想越来越近。"

如果"上帝给你关上一扇门，你要为自己开一扇窗"，就像赵蕴辉，这位坚强的白天鹅，黑暗中的舞者，用持之以恒的努力和汗水，一步步用生命舞出了属于自己的光明天地。

上帝不会主动开启那扇窗

"上帝关上了一道门，同时也会开启一扇窗。"以前，很喜欢这句话，因为它能给身处困境的人送去希望。作为教师，我曾把这话送给学生，那时觉得正确无比，学生们也感觉像心灵的鸡汤。可几天前的一件事让我对这句话有了新的认识。

我的一个学生，幼时左臂截肢，高考落榜后，父亲帮他开了一个小店，他觉得自己独臂给人送货太辛苦，不久就把店关了，去了一家歌厅管音响。时间不长，他又觉得不爽，辞职而去。四年后，我再次碰见他，他还没有找到适合的工作。一阵局促后，他对我说："老师，您曾对我说过，'上帝关上了一道门，同时也会开启一扇窗。'可是，这么多年，上帝怎么就没有给我打开任何一扇窗呢？"

直到此时，我才意识到，当初的灌输多么肤浅。于是，艰涩地说了几句后我落荒而走。

细想起来，这格言更像一句谜语，猜不透的人误以为仁慈的上帝一定很讲求平衡：在此处少给你半斤，就会在彼处补给你八两。而事实并不是这样：上帝关上了一道门，从未同时为你开启一扇窗，上帝做的，只是告诉你有窗，其他的已经不是上帝的事情。这就是这句话的谜底。其实，但凡知道这个谜底的人，都不会祈祷上帝的恩赐，他会自己努力去"开窗"。

斯蒂芬·威廉·霍金，27 岁时，上帝关上了他的健康之门，卢伽雷氏病症使他全身肌肉萎缩，腿不能走，手不能写，嘴不能说，整天被禁锢在冰冷的轮椅上，仅有的资本就是一颗大脑和可以活动的两根手指。霍金没有祈求上帝："给我打开窗吧！"而是凭着顽强的毅力和不懈的努力，自己推开了那扇窗。46 岁那年，他出版了伟大的《时间简史》，他也被誉为"在世的最伟大的科学家""另一个爱因斯坦"和"宇宙之王"。

法国人菲利普·克罗松，26 岁时，上帝也关上了他的健康之门，因触碰高压线，双臂和双腿都被截肢。但他相信，还有一扇窗是为他准备的：做游泳健将。为了打开这扇窗，他聘请教练学习游泳技巧，在自己残存的上臂上安装假肢，大腿上套上脚蹼，然后，头戴潜水镜和呼吸管下水，每周坚持 35 小时的魔鬼训练。2010年 9 月 18 日，他胜利横渡 34 公里宽的英吉利海峡。上帝为他准备的那扇窗，最终被他打开了。

有个女孩儿叫王千金，镇江人，脑瘫患者，除了头部，身体其他的部位都动弹不得。王千金没有绝望，坐在轮椅上，她苦练用嘴唇敲键盘，瞄准了一个键"按"下去，一下再一下，艰难地敲出一个又一个汉字。就这样，她硬是写完了 20 万字的小说，并成为网络签约作家。她也打开了上帝为她准备的那扇窗。

海伦－凯勒、奥斯特洛夫斯基、高士奇、张海迪……他们都清楚，上帝不会为他们做什么，更不会包办他们的成功。但是，他们都成功了。

我的那个学生损失的只是一条胳膊，他本来有足够多的机会去打开那扇窗。但是，他没有。为什么呢？因为他在"等待上帝恩赐"。

如果再次回到课堂，我会告诉学生：无论是谁，上帝都不会给予多一点的恩赐，只会给身处逆境的人以成功的希望。不同的是，坚强者在希望中奋斗，而懦弱者则在希望中等待。

朝前走，走多远是多远

[1]

我毕业的那一年住进了学校对面的城中村，叫毛坡。租了一户农民的二楼小房子，四方四正的一间，80块钱一个月，只一张小床，上厕所得下楼。就这，也住了好几户人。

我有两个邻居，一个男的，是工人，总穿蓝颜色的工作服，走路嗤嗤的，声响不大，缓慢得像个老人；另外一个邻居，是位三十岁左右的妈妈，带着个小孩子，不知道是做什么的，总看到她蹲在水龙头那里洗衣服洗床单。还有四个邻居，都住在二楼，离得不近，也没时间去注意。大家都那么忙，忙得见面都没时间笑。

老李那时候进了屋子连圈也转不过来，躺床上两只脚还得蜷起来。

他现在回忆起来还不忘挖苦：有咱家厕所大没？有没？

我就理直气壮地回：有！

那是我的第一个家，在繁华城市边缘的边缘。现在想想不觉得苦，可当时呀，老以为自己会崩溃。

我在西稍门附近上班，做图书，专门写诸如《性格决定命运》、《人生不设限》之类的东西，写得理屈词穷的，特没劲。八点上班，签到，六点下班，签退。我经常早晨六点多就要起床，趁着曙光，步行大约十分钟去村子附近的公交站牌，等一趟322。只有这一路公交车是开往西稍门的，很拥挤，人最多，有时候贴着门站，被司机师傅喊：让开点行不？别挡着后视镜啊！那些年还比较乖，不顶嘴，就照着他的要求往另外一个方向努力挣，低声跟身边的人说着：不好意思不好意思。挺着身子坚持将近一个半小时，才能到单位。根本就没吃过什么早饭，每一回都慌慌张张，打着减肥的旗号糟践身体。

　　中午随便买些东西将就一下，有时候是一张饼，有时候是一个菜夹馍，有时候干脆下楼转一圈，再折回来，跟办公室的人说：吃得好饱。然后，趴在桌子上使劲睡，口水能流好几平方米。睡醒来了还恍惚得不行，头重脚轻，对着一沓资料发呆，没有计划，没有规划，没有野心，更谈不上梦想。

　　等到下午下班已经有点魂不附体，跳上322，堵的堵，停的停，到达时，天也黑得差不多了。摸着灯火走进村子，大学生们还在三五成群地吃吃喝喝着，一个个小店门庭若市。而我，得潜入所剩无几的菜市场，搜寻一点可以下饭的东西或者一只凉得差不多的馒头。

往往此时，就悲从中来。

这日子呀。

[2]

冬天时候，我搬去了离繁华地方近一点的政法大学对面的西崔村，租的房子大一些，在四楼，一张床，一张桌子，还有卫生间，那时候感觉特别好。价格也高，两百一个月。不过，负担得起。

北方的冬天真的是冷，只能用电褥子，可电褥子能暖的地方不多，往往早上起床时，整张脸都冰透了，拿手一摸，感觉像是别人的一样麻木。就给自己出馊主意，买那种夹棉的门帘，横挂起来，挡住窗户，玻璃隔风不隔寒气，心想：我拉个厚窗帘，看你再来冻老子。

结果是收效甚微。太甚微了。

可是心理作用大，老觉得暖和一些了，就整天整天地拉着厚帘子，屋子里黑的呀。好在那会儿也不咋读书，手冷得舍不得放出来接受空气的洗礼。那个冬天有段时间好像挺有钱的，一得瑟就跑去华润万家买了个美的电暖器，整晚整晚地烧，也没多么暖，总比没有强很多，至少这张脸在每天早晨起来时能感到是自己的了。

城中村那些房东都挺黑的，人不坏，但特别贪小利。人来人往也多，不在乎租客的那点交情。他们靠电费赚钱，一度一块，明显高过统一价。所以，可想而知，我那个月的电费能吓死好几个人，不敢再用。

后来春天，暖了。周末的时候，我喜欢跑去房顶晒衣服晒被子，借着明媚的光，把自己一晒就是一个下午。一天中最快乐的事情就是跑去村口那里，吃两块钱的臭豆腐，酣畅淋漓，再咂咂咂地吸着口水，把逛了几十遍的地摊再逛一遍。只逛不买，看看就好。

我也摆过地摊，从康复路批发来很多手链，铺在一张自己的大披肩上，坐在学校门口绿化带的水泥栏上，睁着一双眼巴巴地眼盯着每一个从政法大学走出来的大学生，希望他们能喜欢我的东西，能光顾最好。第一个下午什么也没卖出去。我跟老李嘀咕：是不是定价太高了？要不要降一点点？老李看我一眼：难不成白送吗？后来不卖了，全部收起来装袋子里，来了朋友就送，这一个那一个到最后都拿完了。

有一个邻居，我喊他浩哥，是西安外国语大学的毕业生，毕业了好几年，就住在我楼下。他信耶稣，平时并不见上班，倒是每天早晨跟很多其他的租客一起念一些基督教的东西。我往往就在他们的歌唱中醒来，心里是各种愤愤不平。浩哥挺文艺的，遗憾的是女人气挺重。他总是特别穷，隔三差五借二三十块钱，过几天又还。

还住着小杨哥，是技术宅，在西高新上班，房间里堆满各种电脑部件，眼镜跟酒瓶底一样厚，看得人眼花缭乱。他瘦高瘦高，背微微弯，很正经，连女朋友都没谈，自己过得特别节省。我后来听浩哥八卦，隐约得知小杨哥是跟着爷爷奶奶生活，要承担的，比我们多很多。

[3]

在西安的最后半年，工资涨了，有了富足，咬咬牙，雇了辆快捷，搬去一个北二环的小区。再没见过那些一起住的奋斗者。

小区就是好，冬暖夏凉，视野开阔，不用跟房东打交道，按时汇去房租就行。到这时，才知道自己从前过得那叫一个啥呀。

我更加勤恳地上班，在同事的带领下，进入真正的阅读，得了工夫就买本书，夜夜睡前读。这样的阅读到底有没有用，不得而知，但在书本的照耀下，我踏实了许多。

在这份难得的踏实里，梦想大致的轮廓也越来越清晰。

一起租小区的某姑娘没事跟我探讨：我就受不了那个味儿。

我好像跟她说过自己再也不会回去城中村：也不是受不了那个味儿，就是老觉得少了点什么。糊里糊涂的，总被高楼挡着视线，看不到更远的东西。

就是那种感觉，走不出去的感觉。我不要那样子，我要去站得高一点，看得远一些，哪怕，心中所怀的理想天寒地冻。

[4]

我也从城中村来，想念那里的地摊和背心，还有三块五毛钱的西红柿鸡蛋面。

但是，不能退回去。

朝前走，走多远是多远。

如果没有
那次相遇，
有多少时光挥霍

〰〰〰

他没有告诉父亲，

如果没有那次火车上的相遇，

他不知还要挥霍多久的时光。

如果没有那次相遇，有多少时光挥霍

大二的时候，他的生活就像一幅乱七八糟的调色板——逃课、玩网游、喝酒和外校女生恋爱。很忙，但都与学业无关。

颓废、不求上进，他自己并不是没有警醒，只是计划容易，执行好难。他还是会隔三差五地玩个通宵。

暑假，他原打算在学校补补功课，再打份工，可是女友又邀他参加她们班同学的假期游。无奈，他只好再次搁置计划，登上了开往西安的列车。

正值暑运，车上人满为患，他们只买到两张卧铺票。大家只好轮换去休息。余下的就在硬座车厢里打扑克，玩得不亦乐乎。

列车在他家乡停靠的时候。看着窗外熟悉的风景，听着浓重的乡音，有那么一刹那，他想起了在家务农的父母。每次打电话，他们都说一切都好。让他放心。他于是也就真的放下心来，不再惦记……想到这里，他有些走神，直到有人催促他发牌，他才又沉浸到游戏中。

凌晨三点，他和女友带着浓重的困意去卧铺车厢休息，人太多，走道里挤满了困倦不堪的人们，有好多农民工模样的人头枕在编织袋上。昏昏沉沉地进入梦乡。

在一节车厢的连接处，小小的空间里，人们横七竖八地或坐或躺。他忽然像针扎一样，大声叫起来，只见他的父亲蜷在角落里，背倚着包裹，微仰着脸睡着。

世界很大，有时却又很小，他竟会在这里和父亲相遇。

父亲看见他也大吃一惊。父亲说。他是去郑州的建筑队干活，农活忙完了，正好出去转转。望着父亲皱巴巴的汗衫，乱蓬蓬的头发。黝黑苍老的脸，他知道父亲故作轻松的话语，是不想让他担心。

父亲问他去哪里，他嗫嚅着说出行程。父亲却鼓励他。年轻人就该这样。"读万卷书，行万里路"嘛。想到亮红灯的功课，他不敢看父亲的眼睛。

他劝说父亲不要再出去做工，父亲说，劳动惯了，闲不下来。父亲从不在他面前诉说生活的苦，他也很少想过父亲的付出。现在，在这个拥挤不堪的列车上，看着年老的他背着行李外出做工，他心里涌起一种难言的酸涩。

那晚。父亲在他的卧铺位上睡得很香。送父亲下车后，他发现自己的口袋里多了200元钱，两张皱皱巴巴、浸着汗渍的钞票，让他觉着沉重、烫手。

他忽然就没有了出游的兴致，那场旅行，他的眼前老是晃动着父亲满是皱纹的面容。

从风景区回来时，他在父亲打工的城市下了车。天闷热得像个大蒸笼，暑气滚滚，空气里冒着干渴的味道。

在郊外的建筑工地，他见到了正在忙碌的父亲。工地刚施工不久，楼房才建起一层多高。在机器的轰鸣声里。父亲正踩着用木板搭起的脚手架，叮叮当当地捆扎钢筋。看见他，父亲急忙从脚手架上下来，心疼地责备他大热天里来工地做什么。看着父亲湿透的汗衫，被暑热熏得黑红的脸膛，他直觉着嗓子发堵，不知是汗水还是泪水从他脸上滑下，流进嘴里，咸涩的苦。

正说着话，有工友从身边走过。父亲自豪地介绍，这是俺上大学的儿子。那工友又问在学校学的啥。念的是计算机，开学就大三了，父亲大声回答，又侧头看看他，一脸欣慰的幸福的笑。

他心里五味杂陈，想想那两门挂科的功课，无地自容。

他在工地呆了两天，才知道，那天父亲在火车上把仅有的钱都留给了他，现在的生活费是拿工钱代扣的。天气那么热，每天强体力的劳动，简单、粗糙的饭菜就是父亲全部的生活内容，他苦劝父亲回家，他留下来做工。父亲有些生气："俺是干庄稼活的，这点累算啥，这哪是你读书人呆的地方，你好好读书，将来有出息，比啥都强。"

这些年，他变得浮躁无比，忘记了自己的来处。如今，父亲烈日下的汗水，一滴一滴溅在他心里，唤醒了他沉睡的心。

那个暑假是他最难忘的一个假期，他感觉突然长大、成熟了许多。从此，他一步步踏踏实实地走好自己的路，和从前顽劣的他判若两人。

多年后，当他和父亲聊天，还常常会提到那年夏天。只是，他没有告诉父亲，如果没有那次火车上的相遇，他不知还要挥霍多久的时光。

即使输了，也会有拐点

读初中的时候，班上有两个女生闻名全校：一个是杨丽丽，一个是苏小薇。前者因为傲视群雄的学习成绩，永远霸占着学校的第一名。后者因为性格张扬，着装奇特，让老师无比头痛而为大家所熟知。

就是这样看起来完全不着边的两个人，据说两家还是亲戚关系，住得也挺近，所以杨丽丽从小就是苏小薇父母口中那个"别人家的孩子"。别人家的孩子什么都是好的，何况性格温和、乖巧懂事的杨丽丽的确是优秀得让苏小薇不得不打心眼儿里膜拜。

其实人生的前十几年，苏小薇过得一直特别顺畅。她除了性格有些夸张，骨子里有些叛逆以外，学习成绩在班上也算是中上等。那时，她觉得人生最重要的是让自己开心。直到中考成绩出来的那天，杨丽丽不出任何意外地上了本市最好的高中，苏小薇勉强达到一所普通中学的分数线。两个人的人生在大人看来，似乎从这一步就开始泾渭分明。

高中三年，杨丽丽一如既往地优秀得让人望尘莫及。那个时候，苏小薇最怕的是春节，亲朋好友聚在一起，难免会拿两个人作比较。以前她也不在意，可似乎是一夜之间，她渐渐地开始思考起人生这样重大的话题。杨丽丽永远是她人生路上的一盏指明灯，若真要在学习这件事情上与杨丽丽比拼，她觉得她的人生真是有些失败。

杨丽丽接到北大通知书的时候，苏小薇的分数刚好达到二本线。如果说人生摈弃掉出生这样的客观因素，从这一步开始作为起点的话，那苏小薇不得不承认，她在起点上输了一大截。

大学四年，苏小薇像一头从睡梦中醒来的狮子。她活跃在学校的各大社团，是各项大型活动的组织者，甚至带领一帮文学爱好者把一本校园刊物办得有模有样。空闲的时候，她就躲进图书馆给各大杂志写稿子，四年坚持下来已是小有名气。毕业那年，她去了北京，凭借各种获奖作品和面试时的出色表现，挤进了当地有名的报社。

苏小薇做梦也没有想到，会在同一栋大楼里遇见杨丽丽。更戏剧化的是，学新闻传播专业的她与学商务英语的杨丽丽供职的是同一家单位的不同部门。人生似乎在那一刻殊途同归。如果说有什么不同，则是杨丽丽的每一步都走得稳妥而有力，而苏小薇的人生开窍得有点晚。不过好在，一切都还来得及。她在人生的拐点上，赢得很漂亮。

读书的时候，特别喜欢数学老师说的一道题目可以有多种解法。方法千千万万种，最终不过是殊途同归。

其实人生也是一样吧，即便我们输了起点，至少我们还有拐点。所以不如就从此刻开始，埋下头来一小步一小步地往前走，说不定哪天拐个弯，看到的就是那个你期待了很久的地方。

离别并不是结束

～～～

　　我一想起毕业和离别，首先被唤醒的是嗅觉。芦苇的味道和河水的气息，立刻如此真切地出现在鼻腔里，与离别捆绑在一起，是再也错不了的氛围注脚。

　　我们的学校在郊区，出了校门，左转，走上两百米，就到了黄河边。毕业前的那两个月，课业和考试都形同虚设，出去找工作也不过是让自己的恐慌有个着落，时间突然像退潮后的河滩，赤裸裸地晾在了我们面前。有人喝酒、通宵看录像、放声大哭、焚烧自己的课本笔记、在两三个月里谈好几次恋爱。

　　我和比较亲近的几位同学，则尽力从那种惶然中躲出去。我们的时间，都消磨在河边。在果园、芦苇荡、铁桥和河边那些用水泥和石头砌的长堤上，我们度过大学的最后两个月。

　　常和我一起去河边的，有宿舍里的老大、老五、老八，还有我的同桌 Z。老大、老五和我以及同桌 Z，都来自兰州附近的县城，老八则来自甘肃中部的高考状元县。老大生性沉郁，老五闷骚，同桌 Z 富有才华、聪颖机敏，老八天性乐观，还有点玩世不恭，喜欢打游戏和看录像，更像理工科的学生。我们通常嘻嘻哈哈地从学校走出去，左拐，经过河边的荒草地，走到果园（多半是苹果树、桃树和枣树）里，再从果园走到黄河边，在芦苇荡那里看着落日又大又红地从河流的尽头落下去，看着星星和河两岸的灯火亮起来，再起身，慢慢走回学校。

我们从不提毕业以后的事，工作、结婚之类。毕竟是师范院校，在 1996 年，只要不十分挑拣，总能找到一所学校去教书。

我们总是互相打趣着、推搡着走完这一路，有时候谈文学，或者大声唱歌，有时在河边的荒地一捡些枯枝来，点起一堆篝火，看着它烧完。经过荒野里的这一段路，再回到学校，当灯火通明的学校出现在面前的时候，都有种恍如隔世的感觉。

然而，学校里的那种惶然，并不因为我们的不在场就有所减少，积攒的情绪终于到了顶峰。有一天，毕业生们突然开始焚烧被褥、扔暖水瓶，并配以敲脸盆饭盆以及唱歌和哭喊。校长和各处室的头儿们全部出动，在宿舍楼前喊话，要他们克制，然而，一个饭盆却准确地扔到了校长脚下。眼看快失控的时候，突然下起了大雨，整个宿舍楼静默了下来。雨停了，有人点燃一张报纸从窗户里扔了出来，那张燃烧的报纸飘浮着不肯落下，衬着墨蓝的夜空，又美又诡异，让我们看得目不转睛。

离别就是结束么？

不，是开始。我们的命运各不相同，老大去县城中学当了老师，为这篇文章我通过百度查了一下，他现在是那所学校的教导主任；老二、老四、老五、老六也都是老师，中学或者小学；同桌 Z 是中学老师，同时是著名的青年书法家；老三成了城管，同学偶然碰头，谈起他的职业来，都骇异地笑了。其他同学也各有各的生活，有的成为包工头，有的成了刑警，有的开公司，有个女同学还嫁给了我们的老师。

每次回想，我都会为这种想法着迷：人和人之间的差异是怎么来的，是什么让曾经同在一起的少年，最终成了完全不同的人？它是如何日积月累的，是如何埋设的伏线？而这种差异，要在离别之后才显示出力量，少年们的人生，在离别之后才宣告开始。

每个年轻都在错误中远行

早上刚打开 MSN，一位好友的信息就跳了出来："实在忍不下去了，我要辞职！给我点建议吧！"

于是，我发信息给她："如果离开能使你的内心平静，那就是一种成功。"她又问："这个单位待遇还是不错的，现在工作这么不好找，我担心辞职会是个错误……"我笑了："你不是已经觉得待在这里是个错误了吗？"过了一会儿，她发来一个笑脸，说："我发现。我的过去全是错误。"我送给她一句黑曼的诗句："不要犹疑，亦无须畏惧，每个年轻都在错误中远行……"

写下这句诗的时候，往事呼啸而至，我竟在瞬间迷失。

我的职场历程。可以用"错误铸就"四个字来形容。从 2004 年大学毕业至今，我不断地入职、辞职、求职，重复着发现错误、认识错误、纠正错误的过程。但我始终相信：我一定会找到最适合我的舞台。哪怕经历了那么多的错误选择，它也一定存在。

我的坚持，源自于第一份工作的收获。尽管，现在看起来它仍是一个错误。

2004 年 2 月，大学尚未毕业的我通过重重考核，从几百名应征者中脱颖而出，加入了一家很有名气的青年期刊社，成为一名媒体人。作：为一名新人，我努力思考、勤奋工、作。不断想出一个个让老编辑拍案叫她的策划点子，写出一篇篇颇受读者欢迎的稿子。我的表现让同来的四个年轻人叹服不已。短短两个月时间，我的发稿量和优稿量就超过了资深编辑，在整个编辑部名列前茅。

但是，我发现，领导似乎对我的努力和成绩视而不见。而更离谱的是，虚心向老编辑请教业务知识的我，总被他批评"跟藻人走得太近，搞小团伙"。接着，我的工作出现了可怕的怪现象：我越努力，我的发稿量越下降！

那段时间，我迷惘到了极点，完全不知道努力的方向。见我如此痛苦，一位宅心仁厚的老编辑道出了真相。

原来，这个外表光鲜的杂志社已经是明日黄花，内部分崩离析，各派暗斗；外部市场萎缩，发行崩盘。领导无力回天，为了扭转自己渐趋孤立的劣势，所以才对外招聘了几个"自己人"。至于他口中"必将成就美好未来"的我们，只不过是负责为他的年终考核投"赞成票"的"救场小英雄"。而等待我们命运的，就是在考核过后被以"精减人员"为名辞退！

当真相揭晓、梦想破碎的那一刻，我痛苦得说不出一句整话，只机械性地喃喃自语："这真是个错误，真是个错误……"那住老编辑在我的肩头用力拍了一下，看我清醒了许多，他语重心长地说："你年轻，没有什么错误不能修正。对你来说，错误恰恰是一种考验，就看你能不能在错误里做出正确的选择。记住，对自己负责的人，从不怕犯错误。每一个到达天堂的人都从地狱里走过！"我细细咀嚼着这些话。重重地点了点头。

第二天。我就提出了辞职，然后开始了长达四年的动荡历程。每当我做出了错误的选择，我都会想老编辑的起那些话，然后以负责的态度通自己重新开始。直到三年前。我加盟这家籍籍无名的小杂志。我庆幸找到了自己的舞台和奋斗方向。三年过去了，杂志已经小有名气，而我也成了它的执行主编，我们一起经历了精彩纷呈的成长。

每个成功，都浸满泪水；每个年轻，都用错误铸就。而我们要做的，就是当机立断，大步向前。不犹疑且不埋怨。走过地狱，天堂便胜利在望了。

别让心中的太阳蒙上阴影

人们的头上会顶着一个太阳，其实我们心中也揣着一个太阳，当心中的太阳被尘埃遮翳时，我们要及时去擦拭，也就是说，每日都要拭亮一个太阳。

每日拭亮一个太阳，你就会勤于动心敏于动手。"身是菩提树，心若明镜台。时时勤佛拭，勿使惹尘埃。"说的与这个意思相仿。由是，你就会抓住当下，掌控每一个现在。就不会荒疏自己思想，不会懈怠自己的行动，就会让怯懦、恐惧的霾翳与尘埃无处藏身，你就会懂得美德和生命力从来都是由擦拭出的新亮的生命迸射而出。

每日拭亮一个太阳，你就不会向一切霾翳、尘埃妥协。你就会明白即使给你曾经带来鲜花花环的东西，未必就会永远鲜活恒常光亮。那说不定是外界用来麻痹你的迷魂草，制约你的魔圈和牢笼。你就不会因为昔日的"明丽"而忘乎所以，沉湎其中而不能自拔。无谓的妥协调和是愚蠢颠顶的行为，得到的只不过是庸俗的政治家、哲学家等人的恭维和奉承。今天要说出今天的想法，哪怕被误解，也要义无反顾。如此，你就不再一味地取悦于人，而孩童般地向同时代的精英倾吐心声，并且能做到少说"我抱歉"，多说"我应该"，把自己的心智公布于众，从而每天都有一个新的自我，做到苟日新、日日新、又日新。

每日拭亮一个太阳，会让你对生活信心百倍。生于世界上，存于宇宙间，你会信心满满地说，他的星星并不比自己的璀璨，他的月亮并不比自己的皎洁，他的太阳也并不比自己的更加灿烂。尽管摩西、柏拉图、弥尔顿，他们说话并非口吐莲花，喷珠唾玉，他们却是公认的伟人，只因他们能够充满自信地蔑视书本教条，摆脱传统习俗，说出自己的，而不是别人的思想。没有必要窥人轨辙，看人模样，你就是你自己，只要你能够更多地发现和观察心灵深处一闪即过的火花，用它来镀亮心中的那一轮被擦拭过的太阳，你就比他们一点也不会差。

每日拭亮一个太阳，会让你时刻奉献出自己的一份光芒。你不会藏身于云海峰峦之后，也不会隐匿于苍苍林莽之中，而是彻照蓝天之上，你会让青竹绿林增碧添翠，会让湖光潭水耀金烁银，你会让荒丘变为绿洲，会让大漠变为渔乡。你会给苍白以缤纷，给贫宪法以诗意，你会给浑浊以明澈，给沉闷以清新。你以你不凡的存在，诠释着世上所有景致，注解着时代的万丈风情。

每日拭亮一个太阳，今日之太阳绝不会与以往任何之太阳重复。拭亮一个太阳似埃及金字塔，拭亮一个太阳如中国古长城，拭亮一个太阳如法国凯旋门；拭一个太阳似秀美的杨柳，拭一个太阳如温柔的兰草……每一天，你就是高喊打着能发出金石之声的你，你就是柔肠情深的你。自己不模仿自己，更不与他人雷同。你站着便巍巍然，倒下也会霞光万道；你挺立着展示着生命的灵动，倒下也会魂魄芳香。

每日拭亮一个太阳吧，你就成了一种预言，你会说，你就是一位无私无畏的勇气，阴霾与尘埃不会在你之心灵落脚，它们一旦见到你就会远远逃遁；你会说，你是一则抒怀的寓言，在叹惋夕阳短暂的时候，又将失去一个白天，可你知道你之生命中会又有着一个光亮的太阳正冉冉升起；你会说，你是一个豪迈的智者，风永远也不能把阳光打败……

倒立行走的"羊坚强"

在河北省晋州，最近，一只两条后腿残疾的小羊练就了一项绝技"倒立行走"成为当地明星，网友戏称其为"羊坚强"。这只被网友戏称其为"羊坚强"的羊，是一只白色8个月大的山羊，今年2月出生，当时小羊趴在羊圈里一动不动，数日后主人才发现，这只天生后腿残疾的小羊竟然可以在地上用两条前腿晃晃悠悠行走，之后越走越硬朗，练就了倒立行走的绝技。

这只羊除了走路用两只前脚外和普通羊没有什么不同，看到主人来喂食，这只小羊两只前蹄左右撇开，支撑着整个身体从地上稳稳"站"了起来，漫不经心地吃着食物，两条后腿依旧蜷缩。吃完后便悠闲地在院子里倒立，偶尔还会"挑逗"一下一旁边的母鸡，累的时候还会"主动"找个地方休息。小羊用前腿倒立行走，是它本能地通过锻炼弥补不足，逐步适应而成的，能生存下来本身就是一个奇迹。

由这只坚强的羊，不禁让人想到非洲的巨蜂。

在非洲中部地区干旱的大草原上，有一种体形肥胖臃肿的巨蜂，翅膀非常小，脖子也很粗短，根本无法支撑其自身的体重，更不用说展翅飞翔了。然而事实是，它不仅仅不用借助人的力量，它完全依靠自己的力量飞行，而且是飞行的队伍里最为强健，最有耐力，飞行距离最长的物种之一，能够连续飞行250公里，飞行高度也为一般的蜂望尘莫及。在这个小小的物种面前，所有关于科学的经典理论都不成立。哲学家们知道了这个故事之后，告诉严谨的生物学家和物理学家说，没有什么奇异的秘密，它们天资低劣，但是它们必须生存，要生存，靠什么？靠坚强，是坚强创造了奇迹，把人们认为不可能的事变成了奇迹。

"羊坚强"也好，非洲巨蜂也好，给了我们一个极大地启示：面对不幸，天生的不足，坚强是最有力的武器，它能变不可能为可能，无往而不胜，创造出奇迹。

真君子，生气不如争气

于丹在中央电视台"百家讲坛"做了一期节目《论语感悟》。其中这样一句话让我眼前一亮：

"真君子从不攻击他人，只会拓展自己。"

仔细想想：在我们的生活中，像这样的"真君子"还真的不多。于丹的话，进而给我一个启示：千回生气，不如一次争气。

首先，生气不仅无济于事，还会使人丧失前进的动力，而争气则正好相反。

这让我想起了爷爷的故事：

由于家境贫寒，爷爷13岁才去上学，而且直接上二年级。爷爷很聪明，二、三年级每次考试都是班上第一名。

老师于是便建议他直接去上四年级下半学期的课程，爷爷答应了。一次地理课，地理老师问爷爷："中国有几座大山？最高的是什么山？"这是四年级上半学期的知识，爷爷没学过，当然不知道。

于是老师拿起粉笔，在黑板上画了个盘子那么大的"鸭蛋"，意思是爷爷的"回答"只能打零分。这让爷爷很伤心，一下课，爷爷就忍不住大哭起来。

这时，班主任走进来问清了事情的缘由，便对爷爷说："你不用觉得委屈，地理老师这样做不是为了取笑你，而是为了激励你！"

爷爷转念一想，觉得班主任老师说得对，只要自己加倍努力，就不怕老师再问倒自己了。到了期末，在 65 个同学的班上，爷爷又成了成绩最好的学生之一。

其实，每个人都难免遭遇各种打击，这时很多人都会觉得不公平和委屈，于是就会生气、抱怨。但爷爷的做法却是：选择争气而不是生气。生气的后果往往就是消沉，直到自己有一天真的像别人预言的那样"就是不行"；而争气则正好相反，你说我不行没关系，总有一天我会通过努力证明给你看"我能行"。

其次，生气可能会给你带来一时的痛快，而争气会满足你的长远利益。

爸爸小时候酷爱读书，但因家境困难，根本买不起书。有一次，爸爸好不容易得到了一本《三国演义》的上册，爸爸爱不释手。

这时同村一个比爸爸大的孩子看到了这本书，于是对爸爸说："我有下册的《三国演义》，不如我们换着看吧。"爸爸答应了。可几天过去了，他既没有还爸爸的书，也没有按承诺将自己的书借给爸爸。

于是爸爸去向他要，他不但不给，还说自己根本就没拿爸爸的书，甚至还打了爸爸。尽管很伤心，但爸爸并没有向爷爷奶奶告状，而是暗暗下决心，一定要发奋，以后要买得起无数本《三国演义》。

从那时起，爸爸更加发奋读书，终于考上了重点大学，毕业后成为了一名出色的记者，再后来他拥有了自己的培训机构。

而骗爸爸那本《三国演义》的人，到现在还在过着"小混混"的生活。

第三，能够变生活中的"阻力"为"助力"。

在美国上消费经济课时，老师给我们分享了一个香港领带大王曾宪梓的故事。

曾宪梓刚做生意时，到一家西装店去推销自己的领带，但他还没说几句话，就被老板骂出来了。他当时很生气，可又一想，是不是自己什么地方做得不对？

于是，第二天他在咖啡店要了杯咖啡，然后端到西装店去向老板道歉。

西装店老板一见又是他，刚想发火，可曾宪梓说："我今天是特地来向您道歉的。我想请您告诉我，昨天我有什么做得不对？"

一看曾宪梓的态度那么诚恳，老板的气一下子消了大半：

"你知不知道，你昨天来推销的时候，我正在和别人谈生意，你一来，差点被你给搅和了。你说我能不生气吗？"

原来是这样。于是曾宪梓再一次向他道歉。老板一看他那么谦虚，不禁对他产生了好感，一番交谈之后，他提出让曾宪梓将领带放在自己店里出售，并且还将他介绍给了自己的一些生意伙伴。

曾宪梓也由此打开了领带的销路，最后成了"领带大王"。

曾宪梓的成功告诉我们：遇到别人的指责，以"生气不如争气"的心态去面对，并诚恳地检讨自己的不足，能让拒绝你的人接受你，能让讨厌你的人喜欢你，能让否定你的人认可你，甚至让反对你的人反过来帮助你。

没有谁比谁更容易

　　一辈子活下来，常常是，在最有意思的时候，没有有意思地过，在最没意思的时候，想要有意思地过结果却再也过不出意思。

　　或者，换一种表述就是，在看不透的时候，好看的人生过得不好看；看透了，想过得好看，可是人生已经没法看了。

　　这句话说得并不绕。其实，人生比这个绕多了。

　　人生就是这样的一场游戏：在欲望浮沉中，把生命扔到很远很远，最后，只为了找到很近很近的那个简单的自己。

　　有一年，到大连旅游，参观旅顺日俄监狱。印象中，地牢般的监狱，只有很窄的一方窗户开在地上，可以看到人世的阳光。

　　在一孔窗户周围，看到一茎绿草，小小的，嫩嫩的，在风中摇曳。我想，这应是在那里苦难度日的囚犯们，所能见到的全部蓬勃和生机了吧。但是，那么多的监牢，每一孔窗户前，会恰好有一粒草的种子落在那里吗？会有生命的绿意，落在绝望的人生里吗？

　　那得多么幸运啊！

　　而我们的窗外，就有蓝天白云，我们的身边，就有鲜花绿草，没有谁囚禁我们，但我们却囚禁了自己。

常常是，在追不上的时候，才去追；在味道尽去的时候，才想品；在不得已时候，才珍惜得已；在人生的大片美好过到支离破碎后，才去捡拾一些碎片，拼凑美好。

生活就是一个七天接着一个七天。

不是日子重复导致了枯燥和无聊，而是你枯燥无聊，把气撒在了日子的重复上。

其实，都在重复。位高权重的，富可敌国的，没有谁的日子不是一个七天接着另一个七天。只不过，当你仰慕谁，就会美化对方的重复，认为人家重复得有趣味有意义。其实，这一切，都是仰慕的光环散发出的五彩。

重复，赋予每个人的本质和意义都是一样的。

多重复才算重复呢？你看那些一天到晚打麻将的人，每天面对的就是那一百多张牌，然后，洗牌，码牌，打牌，和牌。论理说，该盯得头晕眼花，坐得腰酸腿疼，琢磨得心力交瘁了吧，但嗜打的人从来乐此不疲，没有一个喊累的，也没有一个喊重复的。

为什么呢？上瘾。

其实，有瘾，才是快乐生活的关键。瘾，就是情趣，它会让每一个日子，像绽开的花朵，一寸一寸阳光踩过的花瓣，无论多重复，都会美得各不相同。

活得没滋味的时候，去坐坐北京地铁，从 1 号线到 15 号线，在上班的早高峰。

你一下子就释然了。当然了，一下子也更崩溃了。

密密麻麻的人，如雨前的蚁，簇拥着，没有喧闹，没有声响，是令人压抑的寂静。几乎不用走，"哗"被推上车，"哗"又被挤下车。就这样，每天，还未曾上班呢，两三个小时，先折耗在了路上。无论你蓄了多少激情和活力，也会被日复一日地磨蚀殆尽。关键是，还有下班呢，还有一个晚高峰等着呢。

谁比谁活得更容易？

但，即便这样，一定也有活得幸福的"北漂"。幸福的人生活里不是没有不堪和琐碎，不是没有疲惫和失望，而是不管生活给了多大的泥淖，也要让生命拔腿出来，临清流，吹惠风，也要在心中修篱种菊，怡养内在的优雅和高贵。

幸福是一种自我剥离的能力，以及自我生成的能力。生活中，没有多少幸福是现成的，有幸福的人，只是会幸福罢了。

一个整宿睡得很好的人，会嫉妒一个睡眠质量不怎么好、甚至半宿还会醒一会儿的人。乍听，简直不可思议。再解释，你就明白了。原来，那个睡得很"好"的人，是靠安定这种镇静药片睡过一个晚上又一个晚上的。

如果不说透，从表面上看，应该是后者羡慕甚至嫉妒前者才是。因为，前者太好了，好得简直无与伦比。

生活，有多少是我们看透了本质的。你羡慕的权贵，前呼后拥，看起来那么风光，可是风光背后有多少痛苦，对方不说，你不会知道；你羡慕的富有，宝马香车，锦衣玉食，看起来，是那么荣华，这荣华背后有多少痛苦，对方不说，你不会知道。

也就是说，即便失点眠，你依然是那个睡得很好的人。即便过得平凡而宁静，你也会赢得别人羡慕。甚至，这里边，那些你羡慕着的人也在羡慕你。

只是，你要知道，这个世界没有一个人愿把这种羡慕轻易告诉你。

人生哪能一下就悟透

[1]

11年前，我的好朋友X小姐还是个高中三年级的不良少女。

确切地说，她的"不良"也不过就是逃课、打架、去KTV喝酒，那些疼痛青春类文学作品中常出现的吸毒、堕胎、恶意伤人距离她还很遥远，但这并不妨碍她坚信自己生来就是古惑仔。

大片刀不在手里，便在心中。

他们常常逃课，哪怕在烈日下扎堆抽烟。也绝不走进阴凉的教学楼。因为大家都待在里面，她就要逃出来。大家混社会的，太听话就不酷了嘛。

不幸的是，在高三的末尾，她用这颗古惑仔的心，爱上了学校里的"入江直树"。

"入江直树"压根儿不认识X小姐。在X小姐的叙述中，她是完完全全不记得自己怎么就喜欢上了和自己是两个世界的人。"入江直树"是肯定会考入很好的大学的，而X小姐和她混迹的"青龙学习小组"自然是没想过高考的事情——喂，大家混社会的，想太多就不酷了嘛。然而只有当你将心意落在一个具体的人身上的时候，才会发现，那些大人口中虚无缥缈的"前途""命运""阶层"……从空中楼阁落下来，实实在在地可以砸死人。

"入江直树"在夏天过后会进入另一所校园，不知道里面有没有和日剧里面一样的街舞社团，那她呢？这群身边的"兄弟"，一个被家里安排去邻市上民办大学，一个被家里安排去做机场地勤，一个已经在疏通关系准备当兵……那她呢？

X 小姐抬起头，目光超越她每天都要翻过的围墙，第一次认认真真地注视着那栋熟悉又陌生的教学楼。

于是在高考前三个月，X 小姐远离她的小帮派一段时间，偷偷摸摸地复习了几天。当然要偷偷摸摸的，废话，大家混社会的。复习就不酷了嘛。

[2]

如果她的故事以三个月发奋图强之后考上某所大学并在四年后成功变身为北漂码农的话，那可真的就不酷了。

而且如果她这种英语词汇量至今只有 76 个的社会人士复习三个月就能上 985。这会显得学生时代埋头苦读的我也一点都不酷了。X 小姐落下得太多了，偷偷复习也根本无从下手，何况卷子上的题目好像比教科书上难很多的样子。完全就是耍无赖嘛。影视剧中的废柴人物拧亮台灯。随便扯过一本书猛看一夜就能考第一，X 小姐大概至今都没扯到那本奇书。

她以前从未如此努力过，所以也从未如此失落过。

失落的 X 小姐迷上了一项几年后的小资文青们最爱的业余活动——坐公交车。即使在用 Lomo 相机拍电线杆子和铁轨的小清新如此盛行的今天，X 小姐也坚决不承认自己坐公交车是因为伤感。

"热，天儿开始热了，不待在教室里就得挨太阳晒，又没钱，没别的地方去，闲得慌，就坐公交车吹风呗。"X 小姐是一个很容易喜新厌旧的人，所以她在短短的两个月内，将市内所有的公交线路都坐了个遍。

当然，X 小姐并没有从坐公交车这件事情上生发出太多人生感悟，她要忙着抢不被太阳直晒的座位，忙着跟坐在前排对着窗外一吐痰就迎风糊她一脸的死老头子吵架，没工夫想太多。

我觉得那时候的 X 小姐就是想破头，应该也想不出什么哲理来。

X 小姐当然还是参加了高考，竟然考了三百来分。这对她来说绝对是一个惊喜。

和她的"兄弟们"一样，她也被爸妈安排去了远方的一所民办大学。是的，X 小姐现在已经忘记了她到底学的是什么专业了。学习课堂文化知识没能在适合的时间段成为她的习惯，所以大专三年也是混过来的。

[3]

大专毕业后的 X 小姐回到了自己的家乡，又像高考前一样晃荡了两个月。但是她不再是一个混小社会的 18 岁古惑少女了。就在某个平淡无奇的下午，她看到街上张贴的招工启事。进入了某世界五百强跨国大企业。

当然凤姐以前也是世界 500 强连锁大超市的收银员。X 小姐和她的地位差不多，但她的前途更光明，做销售，卖矿泉水。

X 小姐身高一米六，体重 85 斤，却曾经扛着六桶四升装"矿泉水"在八月的烈日之下步行六公里去经销商那里换货。古惑少女每天跑三条线，为了把自己公司品牌的水摆在最好的位置，磨破了嘴皮子，帮人家擦了整个店的货架子，脸上带着一道道的灰印子回家，一梦到天亮。

好了，我们直接跳到最后一步吧。X 小姐现在已经是华北大区下面的某个小区的某个部门的某总监了。反正是个很牛的角色，X 小姐说到此处，一仰头，嘴角上扬出一点点莫测的弧度。

但她并没有过得特别好。X 小姐周围都是像当年的"入江直树"一样背景的人，重点大学本科毕业，海外研究生归国，有个统一的头衔叫 Management Trainee（管理培训生）。Trainee 们和经销商套近乎可能不在行，但是写英文邮件、做 PPT 和 Excel 可是一流。

高三那年 X 小姐轻易就放弃的复习。像一笔烂账，到底还是要还回来。她升任这些 Trainee 的老大，怎么可以露怯。于是一把年纪了，还要在手机上下载背单词的软件，Excel 的使用攻略，一边焦头烂额地工作一边啃书，无数个深夜里点灯熬夜地努力着。

很少有人从擦货架子的小销售做到今天的地位。那年夏天坐在公交车上的清新古惑女，应该没有想到，自己的故事其实是分类在成功励志学那一栏里面的。

[4]

X 小姐的故事只能讲到这里。她又没死，故事也就没结局。不过在热腾腾的寿喜锅端上来的时候，X 小姐还是神神秘秘地给我点了个题。

她说，其实生活中最重要的事情有时候还是那些本来看上去一点都不重要的事情。

我捋顺了一下这句话，做出洗耳恭听的样子。

X 小姐的故事本来可以有很多种俗套走向。比如为了"人江直树"而发奋进入好大学，那就是一部《四月物语》；比如在帮派中不慎砍死了个人亡命天涯，那就是一部《关于莉莉周的一切》……

但于她而言，那一次表面上并没改变她的人生的高考复习，实际上却真的改变了她的人生。

"如果我没有喜欢那个谁，我就不会好好读书，没读书我就不会发现自己不是那块料，就不会伤心，也就不会把全市的公交线路都坐了个遍。"

"所以呢？"

"不坐了个遍，我四年后做销售跑线儿的时候，就不可能比别人路子都熟，我脑子里都有地图了，路线规划最好，跑线儿最多，销售数据最好，要不哪能升得这么快。所以啊，一切都是命啊。"

看着对面 X 小姐大快朵颐的样子，我真的觉得有些神奇。

那年那个坐在公交车上想破头都没想明白人生的少女，可能内心一直觉得这两个月的游荡是一趟浪费的人生之旅，却没想到她的那趟生命火车。真的从这个闸口开始分岔，开往另一个方向去了。

人生哪是我们参悟得透的。就不要妄言浪费不浪费了吧。

生命的焰火，唯有爱与自由才能绽放

[那只猫，是童话里的猫]

它是一只雄性的虎斑猫。活过 100 万次，也死过 100 万次了。它所拥有的 100 万次生命，都是与它的"主人"紧紧维系在一起的。它先后做过国王的猫、水手的猫、魔术师的猫、小偷的猫、孤老太太的猫和小女孩的猫……那些主人，都多么宠它呀！它每次死去，爱它的主人都会痛哭不已。但是，这只虎斑猫每次都活得那么漫不经心。也死得那么漫不经心。它不快活，谁笑它都不笑，谁哭它都不哭。

终于有一天，它挣脱了所有人桎梏般的怀抱，变成了一只地地道道的野猫，后来，它遇到了一只美丽的白猫，当它又朝白猫炫耀自己的传奇经历时，白猫丝毫也不为之所动，它以自己的 100 万次生死藐视白猫："你连一次都还没活完，对吗？"白猫听了，一点儿都没有自惭形秽。原本倨傲的虎斑猫突然变得驯良起来，柔声问白猫："我可以待在你身边吗？"白猫答应了。于是，它们相爱了。后来，它们有了自己的后代、这些后代也成了一只只可爱的小野猫。再后来的一天，衰老的白猫突然躺在虎斑猫身边一动不动了——它死了。虎斑猫第一次哭了，哭了100万次，一直哭到与白猫依偎在一起，一动不动了——这一回，虎斑猫真的死了。

[那道泉，是童话里的泉]

它的名字叫"不老泉"。17岁的杰西与父母、兄长，因为误饮了巨树根部小石堆下的一股泉水而被永远"定格"在了那个"瞬间年龄"上。这被岁月遗忘了的一家人，在朋友眼中无异魔鬼附身——"芳华永驻"成了这个家族痛苦的根源。他们懊丧地离群索居，过着颠沛流离的生活。

"长生不老"令杰西的父亲塔克懊丧至极，他愤怒地向自己开枪，子弹穿过他的心脏，但"就跟穿过水一样"，伤口很快愈合，他还是原来的他。

一天，11岁的女孩温妮与杰西偶遇，两人之间产生了真挚的友情。在那棵巨树之下，当不知情的温妮想要借石堆下的泉水解渴时。杰西大惊失色。千般阻拦——他不能让这个女孩永远停留在11岁上，他想等她长到与自己"同龄"时再让她饮用那神秘的泉水……在生与死这件事上。塔克跟温妮打了一个比方——轮子。

温妮没有选择永生。她将珍贵的"永生泉水"毅然洒向了一只蟾蜍。许多年后，依然 17 岁的杰西来寻找温妮，活了 78 岁的温妮已经离开人世，她的墓碑上写着："亲爱的妻子、亲爱的妈妈、亲爱的奶奶，我们永远怀念您。"——温妮的生命因为有了死亡而完整、圆满。

这两则童话，是关乎生命意义的精妙寓言。

对那只虎斑猫而言，100 万次的生命又何尝不是 100 万次"乏味的存在"？当它失去自由，当它沦为别人的附庸，即便被国王爱怜地装在一个"特制的篮子"里，过着锦衣玉食的生活，它又怎么可能快乐呢？只有自由，能够救活它的笑颜。当爱情降临，它立刻收敛起一颗桀骜的心，乖乖做了白猫甜蜜的伴侣。白猫的离世，使它真正体会到了痛苦的滋味，它居然哭了"100 万次"，将每一次生命的泪水悉数交给了白猫。只有爱情，能够激活它的泪泉。真爱过，方能真死。方敢真死。100 万次的生死，无异于100 万次的等待，生命的焰火。唯有在爱与自由中才能大放异彩。

再容易的梦想，也是靠行动来实现

高考那年，班主任老师特意用毛笔在红纸上写下一行苍劲有力的大字贴在黑板上面：立即行动！只有行动才会实现我们的梦想！后来参加工作，看到公司一条醒目的标语：立即行动！只有大量的行动，才会让我们不断超越对手，超越自己！前两年我朋友创业，让我为他们公司做整体文案策划我便写出这样一条标语：行动，行动，立即行动！朋友很高兴，他说每天都会看到这八个字，也是这八个字时时提醒、激励他，给他力量，催他奋进。那天他说了一句很经典的话：行动是理想最高贵的表达！想想，的确如此。

发电机只有在飞速旋转时才能发电，空调只有在动起来才能为人类带来清凉或者温暖，我们只有真正动起来才会产生力量。这种力量的大小，不可估计。一直以来，行动在人们心中占据着重要位置，但很多人有想法却没有行动。嘴上说的天花乱坠，脚却不移动半步。古人云'读万卷书不如行万里路'，一切的一切皆始于行动。

做任何事，只要开始行动，就算获得了一半的成功。世界上牵引力最大的火车头停在铁轨上，为了防滑，只需在它8个驱动轮前面塞一块一英寸见方的木块，这个庞然大物就无法动弹。然而，一旦这只巨型火车头开始启动，这小小的木块就再也挡不住它了；当它的时速达到 100 英里时，一堵 5 英尺厚的钢筋混凝土墙也能轻而易举被它撞穿。从一块小木块令其无法动弹到能撞穿一堵钢筋水泥墙，火车头威力变得如此巨大，原因不是别的，因为它开动起来了。

其实，当你真正行动起来，你会拥有巨大的力量，任何阻碍都不会成为你的绊脚石，你就威力无比，就能突破自我。万事开头难，只要有开始，有行动，便有结果。没有行动，一切免谈。

有一位农夫在一块无人愿意播种的荒地上披星戴月辛苦劳作。过路的人看到他在这块堆满了砖头、瓦块和锈铣、地下生满树根的瘦土里挖田。便嘲笑他说："喂，老头，你是在挖金子吧！"农夫一声不吭，埋头苦干，清除了砖头、瓦块和锈铁，铲除了地下盘绕的树根，然后开始整理，施肥。一晃几年过去了。到了收获时节，农夫满怀喜悦地在田里收获。这时，一位赶着牛车的小伙子对农夫喊道："喂，老大爷，你哪辈子积的大德，上天恩赐了你这么一块肥沃的土地。"农夫擦了一下脸上的汗珠，大声地回答："小伙子，上天恩赐我这块宝地时，人家都在骂我是傻瓜。"

许多人只看到别人成功后的掌声和鲜花，而从不知道他们成功之前的付出，这也许就是世界上 80% 的人们仍然在贫穷平庸中挣扎的原因。

千里之行，始于足下。登高方能望远，可见行动的重要！我们不能生活在只说不做的日子里，而应该生活在现实的行动中。只是舒服的坐在阳台上晒太阳，永远做不成事。唯有行动才会产生巨大的力量，助推你我的成功。。

人生，就是要不断折腾

1987 年，21 岁的李勇去深圳打工，在关口徘徊时，一个与他年龄相仿的人突然拉着他的手说："你想去深圳吗？我们去找个熟悉这里的人带我们去吧！"没多久，他们找人从铁丝网下面的一个洞爬了过去。李勇当时还心痛花了 50 元钱，同伴却深深吸了两口气，兴奋地叫道："深圳，我潘石屹来了！"

过了边防站，他才得知，潘石屹比他大两岁，居然是从国企辞职来闯深圳的！李勇吃惊地说："你为什么放着好好的铁饭碗不干，这不是瞎折腾吗？"潘石屹毫不在意地说："深圳发展那么快，我们肯定能闯出一片更好的天地！"然而，理想很丰满，现实很骨感，他俩只在工地上找到了搬砖的活。

潘石屹以前没干过粗活，第一天便磨得肩头出血……令李勇想不到的是，潘石屹很快适应了这种苦生活。而且有一天干完活儿，潘石屹拉着李勇来到一家书店，买了三本经济方面的书，李勇却买了一本武侠小说。回工地后，李勇见潘石屹把经济书也看得津津有味，不禁好奇地问："潘哥，这书有什么意思？你看得这么带劲？"潘石屹笑了笑，说："我看书，是学习；你看书，是消磨时间哪！"

1988 年 8 月的一天，他们来到海口市一家砖厂打工。砖厂建在山上，不通电，挖土、和泥和垒砖墙全靠人力，一天下来，不但满身满脸是泥，而且全身酸痛。第二天，潘石屹就叫上李勇一起去找老板提建议：把水引到砖厂，雨季搭建雨篷烧砖……他说："老板，如果你信任我，就让我帮你来管理这个砖厂，保证比现在的效益好得多！"就这样，潘石屹刚到砖厂 20 多天，摇身一变成了厂长，并把砖厂管理得有声有色。一年后，他的月工资已涨到了 1000 多元，而李勇也被他提拔为组长，每月也有 300 多元收入。1989 年 10 月，老板改行做房地产，准备转让砖厂。潘石屹对李勇说："老弟，我们把砖厂承包下来，干不干？"李勇一听，害怕地说："我不投入钱，只帮你做事。到时赚得多，你就多给我点工资；亏了，算我白干。"潘石屹点头答应了。承包后，潘石屹把砖厂经营得更加红火，第一个月就净赚了一万多元，给了李勇 1000 元工资。李勇乐得像做梦一样。

谁知好日子刚刚开始，两人就遇到了困境。1990 年初，海南经过两年迅猛的大兴土木后，房地产市场跌入了低谷，潘石屹只得低价处理了所有的砖瓦。这次打击，让李勇变得很消沉：明明知道潘石屹过不了安稳日子，自己为什么要跟着他这样瞎折腾啊？两人在破败的砖厂前握了握手，互道珍重后便分道扬镳了。

　　与潘石屹分别后，李勇又去一家建筑工地上干活儿。1993 年 5 月，在建筑工地打工的李勇，在大街上碰到了潘石屹。潘石屹告诉李勇，自己和几个合伙人已经贷款 500 万元，买了 8 栋别墅，准备高价转手卖掉赚钱。李勇一听，顿时惊呆了："潘哥，500 万哪！万一亏了就完了……"

　　1993 年 8 月，山西老板韩九吉上门购买别墅，潘石屹开价每平方米 4000 元，韩九吉嫌房价太高，犹豫了。可再有人上门洽谈时，潘石屹居然开价 4100 元……韩九吉坐不住了，以每平方米 4000 元的价格买了三栋……年底，潘石屹来到北京发展，成立了万通公司，生意越做越大。而李勇在海南打了两年工，回到老家结婚生子后仍然四处打工……一晃十几年过去，两人的差距竟然有了天壤之别！

若想战胜脆弱，还得苦其自身

前阵子有个很久没有见面的前同事约我吃饭，叫小雯。家在北方，毕业后一个人南下广州工作。

印象里她是个很瘦弱也很脆弱的人，经常因为生活和工作的种种而一脸愁容。面对过大的工作压力会掩面哭泣，面对上司的严苛会默默流泪，闲下来的时候也会经常跟我们抱怨家人和朋友们对她的不满。大家一开始会安慰她，后来发现安慰起不了多大作用后，都只是默默听着。或许正是因为这些负能量，她在公司留下的朋友少之可怜。

我们电话约好在离我家很近的餐厅见面，当天她来得很准时，见到她的时候我很意外，她与印象里的小雯截然不同，嘴角总是饱含笑意，说起话来也是神采飞扬，连谈话都变得轻松自在。交谈中才知道，她现在和同事们相处变得很好，每天都很努力地工作和学习，并且得到了上司的赏识也升了职。一切似乎都美好起来。

分别的时候我忍不住问她是什么让她改变了，她很不好意思地笑笑：经历了才知道，以前的我太矫情，要想战胜脆弱，还得苦其自身。

回家的路上，我陷入了沉思。其实这种情况我们都曾遇到过，像小雯同样脆弱的人，生活里随处可见。

不知道你们有没有过这样的时刻，在辗转难眠的深夜打开手机翻出一排排通讯录，竟然找不着一个可以倾诉的人。又或者在情绪不好的时候打开了好朋友的对话框，敲下了很多很多话，在摁下 Enter 键时缩手犹豫，然后一个字又一个字的往回删掉，也不知道这个往回删的过程是不是就叫做成长。

但开始明白，每个人都会有赶不走的阴郁和这个年纪的烦恼，何苦为人徒增负能量。即便心中汹涌澎湃，也要开始学会独自承担和坚强。一时的安慰的确可给予人短暂的温暖，但也能让长久筑起来的堡垒瞬间崩塌，让场面变得更加难以控制，甚至让情况糟糕得一发不可收拾。

不是每一次跌倒都有人扶着你站起来，通往美好之路并不容易，一味地放任，只会令我们脆弱得不堪一击。面对生活那份淡定需要慢慢积累，坚强乐观的生活态度不是与生俱来，更是需要独自承担。

做人首先要看得起自己，但是不要太看得起。很多抱怨和牢骚看得过重不仅给自己徒增无趣，同时还牵连到别人。站在远处看自己真没那么凄凉没那么多舛，与其夸大事实赢得同情，不如放宽心态让其淡去，那么下次他人的理解和体谅你会懂得更感恩和淡然。

　　让软弱和自己独处，时间和生活会教会我们自己弥合伤口。情绪糟糕的时候为自己买束鲜花；捧着爆米花看一场电影；又或者听一首许久没听过的老歌；实在想哭就在家好好哭一场，总要去找到当下最合适的方式来化解情绪，心中才能慢慢回复柔软，而那些阴郁和风雨，别怕，它们总会过去。

　　一味地用眼泪和脆弱来逃避问题并无多大作用，哪怕是硬着头皮去接受和面对自己不愿面对的事情，过后才发现那是前进路上的一块垫脚石。

　　生活是这样一件甘苦自知，敝帚自珍的事情。你若愿苦其自身，才能掌声雷动。

即使在尘埃里，
也 要
把梦想高举

〰〰〰

有 所 期 待， 就 不 会 被 遗 忘

即使生活低到尘埃里，

梦想也要举得高高的，

明亮，

闪耀，

像天边的星。

即使在尘埃里，也要把梦想高举

"能在地铁旁边有一个小房子，有一个对我好的爱人，有一份稳定的工作，买得起商场里的裙子，可以放开肚子吃火锅。"这是六年前一个住在 300 块钱出租屋里的女孩，阿妹的梦想。当时的我告诉她，这不叫梦想，哪有这么俗气的梦想。

六年后，在上海，如她所愿。

跟阿妹一起看着黄浦江的夜景，恍若隔世的感觉。眼前的这个姑娘，一袭长裙，褪去了当时的稚嫩，多了一份知性美。聊起她的梦想成真，看着她笑脸如花，自信地品着几年前她不知道是什么的焦糖玛奇朵，我突然对这个姑娘充满敬意，对她那个"俗气"的梦想充满敬畏。

[1]

几年前我到上海实习，是一家外资企业，在同济大学的旁边。那段时间住在公司和同济大学的中间，都是步行十几分钟的距离。

租住的房子本来是三室两厅的套间，被分割成了大小不等的格子间，住了近十个单身女孩。包括我和阿妹。我住了主卧隔出的一半，阿妹住在门口三四平方米的储藏间里，没有窗户，放了一张床之后只剩下侧身过的地方，床上堆满了杂物。

我当时实习的状态，是每天上午九点到办公室，中午吃工作餐，六点下班跟大家一起到公司旁边的美食广场胡吃海喝，互相吹牛也互相打击，顺便头脑风暴。八点多吃完回到办公室加班，离开办公室一般都在十二点以后。

刚开始的两个礼拜，我基本上没有机会跟一起住的室友说几句话。有一次我下班回去十一点多，有点饿了给自己加餐，在厨房切水果的时候，阿妹听见厨房有动静从房间出来了。

我说，今天下班早，吃点东西。抱歉吵到你们休息了。

阿妹倚在门口，快十二点了回来还算早啊。

寒暄之后，我们两个站在厨房里，边吃边聊。

阿妹到上海一年，是一个淘宝店主。她花光积蓄买了电脑学会了使用网络。有一个两颗钻的淘宝店铺，卖女生的小饰品。那是她的经济来源。她听我提起来每周二和周五下午会请假到同济大学旁听建筑历史课，问我能不能带她一起去。她没有走进过大学的教室，只是在校园里面转过。

阿妹的家乡在西南某地，她说当时离开家的时候基本是逃出来的。她初中没有念完就退学了。在当地的旅游景区做三道茶的表演。她问我能不能带她一起去听课时，带着请求的口气。

在阿妹的家乡，女孩很早就不上学了，早早结婚。阿妹在十七岁那一年，家里人也是为她张罗过婚事的。阿妹想在结婚之前看看外面的世界，于是揣着全部积蓄，辗转到了省城，坐上了开往上海的列车。阿妹说她不确定自己能不能在上海落根，但是她想试一试。

第二天，我去旁听建筑史，带上了阿妹。当时的阿妹是战战兢兢的，像十岁的小女孩一样，拉着我的衣角，东张西望。

后来阿妹经常去同济大学听课，自己去。回来之后给我讲见闻，也问我各种各样的问题，包括研究生和硕士是不是一样的，现在学生是不是都不用课本了，也包括宜家是什么，玛奇朵是什么。

[2]

我喜欢这个姑娘，喜欢她身上的那股韧劲儿，跟她在一起她就是十万个为什么。

她虚心好学。她像海绵一样吸收着各方面的营养。把窝在小黑屋里赚来的钱，都买了书，请我帮忙列了长长的书单。每天早早地做好早饭等我起床吃，跟着我一起走路到公司，路上不停问那些出乎意料的问题。

她乐观勤奋。她知道自己读书少，看到了自己的差距。面对暂时落后，她用马不停蹄地追赶代替喋喋不休地抱怨。认真地做淘宝解决温饱，认真地学习提升自我。

她懂得感恩。几乎把她能为我做的一切拿来当"学费"，走之前非得请我吃饭，不停表达内心的感激，说得动情。

她有一个"俗气"的梦想。关于房子和爱人，关于稳定，关于裙子和火锅。

曾经我嘲笑这个梦想太俗气。那时二十岁的我，还不懂得生活，不理解梦想。

真正的生活，不是诗意和远方，它就是诗意的苟且混杂着苟且的远方。真的梦想，不是非得高大上或者文艺范儿，它就是对更好生活的美好期望，像人在黑夜里抬头望星空一样质朴，像花儿向着太阳一样生生不息。

现在，我对阿妹和她的梦想怀有深深的敬意，我敬畏所有在弱势生活中依然强势地为梦想奋斗着的人们。他们像夜空中闪耀的星星一样，不妥协，不放弃，即使生活不如诗。

我说，阿妹，你真厉害。

阿妹羞涩地笑了："你教会了我太多，给了我中肯的建议。要不是碰到你，我不知道现在会是什么样子。"

我知道，就算阿妹没有碰到我，她也会碰到别人。一个人使劲踮起脚尖靠近太阳的时候，全世界都挡不住她的阳光。

[3]

在除了奋斗别无选择的日子里，甚至说不出来一个像样的梦想。但是似乎被一种魔力支撑着，没有想过是图什么，只知道自己选择的路，走下去就好了。

江面上凉风徐徐，江对面灯火辉煌。在这个大都市里，人来人往，车水马龙。有人为了理想，有人为了面包，有人为了情怀，有人为了生存……梦想，从来都不遥远。

我也清楚地记得，六年前在这个地方，晚上十二点以后才拖着疲惫的身体回到出租屋里，没有空调，夏天上海的高温，并不影响我秒睡，醒来满身是汗。

也记得失恋的时候，一个人在陌生的地方，也想过什么都不管了让自己颓废几天。然而只是默默消化着这痛苦，痛哭之后第二天照常准时上班，在办公室像什么事都没有发生一样。

也记得在青黄不接的时候住在群租房里，我蜷缩在还没有火车卧铺大的床板上整理作品集，妈妈给我打电话跟我说实习完了早点回家给你做好吃的，我笑得满心欢喜……

和阿妹一样，我走过来了。当时甚至没有想过这是好事还是坏事，只是知道该继续努力，被生活所迫，更是自主选择。每天像打了鸡血一样火力全开地追逐着一种叫"梦想"的东西，被我们举得高高的，划破最黑的夜。

[4]

玻璃窗外，一群少年吵闹着走过。

人生是一场又一场接力，总有人走在我们曾经走过的路上，仰望着星空，走向想要去的地方。当我们走过那一段，回头看，所有的纠结和磨难，都只是嘴角的微微一笑。不管在意或者不在意，那些不容易，是真真实实的存在过。而梦想，没有高低之分，都是魔力般的存在每个人的心中，从未走远。有所期待，就不会被遗忘。即使生活低到尘埃里，梦想也要举得高高的，明亮，闪耀，像天边的星。

实现梦想的唯一途径，就是行动

　　他出生在美国中西部的俄亥俄州小城雷丁的一个普通农户家庭，12个兄弟姐妹，他排第二。人多房少，他们兄弟住在一间卧室，姐妹们住在另外一间，父母则睡在客厅的一张折叠式沙发上。后来，他的爸爸自己动手，又盖了3间卧室，一家人才勉强住下。

　　每到早上，他们就要争抢卫生间，女孩儿优先使用，男孩儿则常常被母亲赶到外面，对着院里的大树"解决问题"。后来是男孩儿们和父亲一起又建了一个卫生间。那些艰辛的日子，常常食不果腹，但因为母亲的善于安排，他们过着清贫而幸福的生活。

　　他想成为一名军人，正当越战高潮，19岁那年他加入了海军。但两个月后，就因为健康问题退役。军人的梦想破灭，他很失落，父亲问他："难道没有其他想法吗？"他怯怯地说："想去读书。"问题是，家里肯定没有多余的钱可供他读书。

　　父亲说："假如你想读书，就得千方百计去读书！林肯同样是穷苦孩子，自学成才，自力更生，成为美国历史上最伟大的总统！"

　　随后，他就在辛辛那提市埃克萨维大学半工半读。他买不起教材，就抄同学的书，常常挑灯夜战，有时抄得手都发麻，人也有些瞌睡，他就拿冷水浇面，刺激神经，以便继续奋战。常言道：好记性不如烂笔头，抄下一本书，他理解一大半。他负责全寝室的卫生，经常为同学们打开水，还做其他一些力所能及的事情。寒冬岁月，他几乎没有衣服，就拿同学们送他的旧衣御寒。加之，作为老二的他，还需要照顾家人，身体不好，还常住院，断断续续学习了7年，才完成大学学业。

毕业后，他进入一家塑料厂工作，他加倍努力工作，常常最先到达公司，最后一个离开公司，非常注意工作方法。他的兢兢业业，赢得领导和同事的一致信任，不久他就成为公司的负责人。由于工作努力，他大大地改善了经济条件。

他为人善良，经常给一些穷苦人家救助，但是后来他发现想要最大限度地为人们做事，最好的方式就是从政。1982年，正值33岁的他进了本地的政委会，踏上从政之路。几年后，他当选为国会议员，他猛烈抨击广为人们诟病的政府腐败问题，始终坚持原则，曾经迫使77位涉及腐败的议员或辞职或不再竞选连任。他主张降低税收，政府要千方百计为百姓创造就业条件，要大力改善民生。当然，他在发表不同意见的时候，也尽量采取最恰当的方式，做到忠言也不逆耳。

他叫约翰·博纳，是美国众议院少数党领袖。2010年11月

2日，博纳所在的共和党在国会中期选举中赢得了众议院多数席位，他也于 2011 年 1 月就任众议院议长，成为仅次于总统、副总统的第三号人物，也将是两年后角逐总统的重要人选。

回首坎坷一生，他最难忘记童年的苦难，一直记得父亲对他所说："假若你想要什么，就必须付诸行动！"

不错，人人皆有梦想，但梦想并非都能实现，梦想最青睐的是一直孜孜不倦为之勤奋努力的人。曾经的梦想，成为今日之事实，唯一的途径就是行动！

苦难人生，需要梦想来温暖

〜〜〜

他的噩梦是从三岁那年开始的。

那天，母亲终于从亲友们"贵人行迟"的安慰声中省悟过来。抱着浑身瘫软的他坐上火车直奔省城的儿科医院。大夫无情的诊断打碎了母亲最后一丝希望，"重度脑瘫，像这种情况目前尚无康复的前例。"母亲抱着他，哭了个天昏地暗。丈夫说："把他送福利院吧，我们再生一个。"她不依，为此丈夫和她翻了脸，一纸离婚证，从此与她成了陌路。

为了照顾他的生活，并有足够时间带他看病，母亲辞去了工作，带他住进了福利院。好心的院长在福利院后勤部给她安排了一份洗衣做饭的工作。让她得以边工作边照顾他。

8岁那年,他终于站了起来,但他的四肢并不听从大脑的指挥:他的十指痉挛地扭曲着不能并拢,腿也笨拙得迈不出直线,用"张牙舞爪"来形容他走路的样子,倒真有些生动形象……虽然走路的样子不雅观,但总算能独自站立行走。母亲多少感到一丝欣慰。只是,他的情况太特殊,尽管早已过了上学的年龄,却没有一家学校愿意接收。

母亲找来别的小孩子用过的小学课本，用有限的文化教他学习拼音和汉字。他歪着脸口齿不清地叫她："老——师——"她看着他明亮的眼眸，笑成了一朵花，转过身，却飞速地用手背擦去眼角溢出来的泪花。

18岁那年，县残联推荐他和另外几位重度残疾人参加市残联举办的残疾人职业技能培训班。首次接触电脑的他，一下子被电脑中变幻莫测又精美异常的图案迷住了。

他决心攻下软件知识，便报名参加了电脑初级班的学习。教室里，辅导他的老师甚至有些不忍心看他，因为他的双手严重扭曲，每在电脑上敲打一个字，全身都要跟着一起使劲。尝试了多次，他依然不能像常人一样将十指准确地放在键盘上完成盲打的训练，他只好用两个大拇指轮流着击打键盘，艰难地完成了打字的训练。

电脑班结业后，他开始想办法用有限的电脑知识找工作，但是，面对他这样一个路都走不稳，手指也不灵活的重残者，没有单位敢接收。看着镜子里的自己唇上已长出细密的"绒毛"，却仍靠头发花白的母亲在福利院给人洗衣做饭赚到的几百元工资生存，他恨自己没用。

他想死，母亲说："我现在除了你，什么也没有了，你要是死了，我也不想活了。"他拉着母亲的手，号啕大哭。

哭过后。他做出了一个决定："既然没人要咱，咱就自个儿给自个儿打工。"

母亲吓了一跳，摸了摸他的头，不是发烧了吧？他忍着泪，拼命调整好不听话的表情肌，给了母亲一个微笑……

捧起一位好心人送的《photoshop CS 教材》，他在别人淘汰下来的电脑上一点点地摸索。

一年后，他已能用"二指禅"熟练地在电脑上设计各类平面广告。他对设计近乎痴迷的热爱打动了每一位认识他的人。母亲也动心了——也许行动不便的他真的适合走这条路呢。

在母亲拼尽全力的努力和社会上几位爱心人士的帮助下，一家小小的广告公司成立了。他是老板，也是员工。不懂电脑的母亲，是他的业务联系人，同时也是他的保姆，照顾他的生活起居。在这间租来的民房改造成的小公司中，临街的那间"门面房"就是他的"经理办公室"，里面的一间是他和母亲的卧室兼厨房。

身体的残障加上他与社会接触面的局限。生意很冷清，常来光临的客户多是周围了解并同情他们母子生活的居民。

空闲时候。他最喜欢的事便是和母亲一起憧憬未来：他的业务在不断发展；一位心地善良的好姑娘在人生路上成为他的伴侣，辅助他成就更大的事业，买下一套不大也不小的房子容纳他们纯美的爱情；母亲终于苦尽甘来，穿着漂亮时尚的衣裳，戴着珠宝项链，想去哪儿就去哪儿，想买什么，都买得起母亲疼爱地看着他，笑而不语。曾经，她以为他能走路、能自己吃饭、能依靠她微薄的薪水生存下去，她便很欣慰。不承想，他居然能用这么严重的残疾之躯，走上自强自立的路。在母亲心中，无论他是怎样的残疾。他都是她心里最棒的孩子。

两年后，他的业务水平日渐完善，但生意仍然时好时差，生活仅够维持朴素的日常生活，妻子和房子，对目前的他来说，仍是个遥远的梦想。

在这个流光溢彩的城市中，他们无疑是挣扎在社会底层的小人物，重度的身体残障更是给他的生活刻上了卑微的烙印。但是，他们的梦想却从来不卑微。

或许，他的梦想只能停留在幻想的美好世界中，但那又有什么关系？因为正是那些可能一生也实现不了的梦想。才让他有了拼搏的力量，带着回报母爱的心愿，一步一步艰难却执著地行走在人生的道路上。

梦想，需要勇气来支撑

前几天，我跟几个正在念高三的北京中学生聊天。当谈到"理想"这个古老的话题时，他们每个人的想法都让我大吃一惊。我以为这些男孩女孩最大的愿望就是考上北大、清华等名校，然而，他们当中没有一个人谈到这一点。

有个女孩说，她的理想是当一个电影人。这种电影人是纯粹的自由人，不依附于现有的电影制作和发行体制，与商业也没有任何的关系。她希望中学毕业后到美国去，用一半时间来念书，另一半时间则去周游世界。出门的时候，只带一个巨大的行囊。交通方面不用花任何的费用——一路上都可以搭好心人的顺风车；到了晚上，就到教堂里去住宿，然后在教堂做义工，作为报答。这个女孩说，她要拿着一台家用的普通摄影机，去拍摄那些真实的社会生活场景，去拍摄教堂天花板上庄严的壁画，去拍摄街头笔直的树木和熙熙攘攘的行人，去拍摄孤独而美丽的乡间小屋……她要认识各种各样的朋友，尝试各种各样的食品。她喜欢凯鲁亚克的《在路上》，而不喜欢三毛和尤今写的游记，她认为三毛和尤今的漂泊只是"走马观花"而已，她们看到的只是生活薄薄的表层，而她自己则要去发现更深沉的生命的真相。她还说，在四十岁以前不准备结婚，也就不会受到家庭的束缚，这样就能够专注地做自己喜欢做的事情，为自己一个人而活着。这个女孩的母亲是中央电视台的一位导演，在体制内过着兢兢业业的、职业女性的生活。母女俩的人生将是天壤之别。于是，我问女孩："你妈妈知道你的想法吗？她是否支持你去实现这个梦想？"女孩对我"狡猾"地一笑，毫不在乎地说："我没有告诉妈妈呢。等到我自己能够展翅飞翔的时候，妈妈想管也心有余而力不足了，那时候她能不让我飞走吗？"

另外一个男孩子告诉我，他的梦想是大学念医科，毕业之后到非洲大陆最穷苦的国家卢旺达去。去干什么呢？不是去做生意，而是开设一家为当地人服务的、不收费的医院。我更加奇怪了："为什么你要挑选卢旺达呢？"男孩说，他在电视和互联网上看到许多关于卢旺达内战的消息，看到那里的孩子因为疾病和饥荒而变得骨瘦如柴，无依无靠地躺在沙漠里悲惨地等待死亡的降临。那些因为饥饿而死的孩子，眼睛一直圆圆的睁着，仰望着不再纯净的蓝天。看到这些苦难的画面，这个男孩心里十分难受。他梦见自己来到那片干旱贫瘠的土地上，与那些小黑孩一起唱歌和舞蹈。他还告诉我，他知道在1999年获得诺贝尔和平奖的"医生无国界"组织当中就有许多来自不同国家的医生，他们往往为了一个单纯而真诚的梦想奉献出自己的一生。这个男孩说，他愿意像那些医生一样，到最穷苦、最危险的地方去，只要能够拯救一个人的生命，就是人生中最大的快乐。这个男孩对梦想的表达，让我深受感动，我不禁想起了伟大的特蕾莎修女。一辈子为穷人服务的特蕾莎修女说过："人们往往为了私心，和为自己打算而失去信心。真正的信心是要我们付出爱心。有了爱心，我们才能付出爱。爱心成就了信心，信与爱是分不开的。"孩子是离爱最近的，人们要是能够永远保持孩提时的爱心该有多好啊。

孩子们的梦想还有很多很多，有人的梦想是当摇滚歌手，有人的梦想是下乡搞水果培育，有人的梦想是去研究毒蛇，有人的梦想是创办一所大学……在这些稀奇古怪的梦想中，可以看出每一个孩子的性格。

然而，没有一个孩子想成为跟他们的爸爸妈妈一样的、待在写字楼里的、循规蹈矩的白领职员。要想真正了解孩子们内心深处的想法，大人们需要一种平等而真诚的心态。大人们一直自以为是地蔑视孩子，认为孩子幼稚、不成熟。然而，究竟什么是成熟呢？成熟是否就意味着世故和圆滑，意味着现实和功利，意味着失去做梦的勇气？这样的成熟，我宁可不要。

我敬重孩子们做梦的勇气，也羡慕他们做梦的自由。我也知道，真正能实现自己梦想的，在这群孩子中是少数，他们中的大部分人还是得成为天天坐办公室的白领，过着平凡而乏味的生活。但是，我还是觉得，有做梦的勇气，真好。美国教育家博耶回忆了一段关于自己孩子的往事。三十多年前，他和妻子被学校叫去。校方忧虑地告诉他们，他们的孩子已经成了一个"特殊学生"——孩子的成绩十分糟糕。在一次测验里，老师给这个孩子写了一句"他是一个梦想家"的评语。博耶哑然失笑，他知道自己的孩子喜欢幻想，经常幻想星星和月亮，幻想到非常遥远的地方，甚至幻想怎样才能逃离学校。但是，博耶绝对相信自己的孩子是一个天才，只不过他的才能不适合学校的常规活动和僵化的考试而已。于是，博耶按照自己的方式呵护着孩子的梦想，他相信学者詹姆斯·艾吉的观点："不管在什么环境下，人类的潜能都会随着每一个小孩的出生而再现。"果然，孩子长大以后成为一个杰出的人物。

没有梦想的童年算不上真正的童年，没有梦想的人生是不值得过的人生。而梦想需要勇气的支持，我们还有梦想的勇气吗？

我们还年轻，我们还有梦

～～～

[1]

崔健在草莓音乐节的舞台上，嘶哑着嗓子问台下的观众："你们年轻吗？你们还有梦吗？"

有些70后的死忠趴在第一排，喊得热泪盈眶："我们有梦！"

崔健真的老了。摄像头把他脸上的褶子、稀疏的头发捕捉得一览无余，同样老去的还有他的那帮老战友们，20世纪90年代和他一起唱《红旗下的蛋》《一块红布》《新长征路上的摇滚》《一无所有》《花房姑娘》的乐队，那是几个已组家室，曾经放肆叛逆、红遍天南海北的中年男人。

有人扛了红旗，走上了舞台，舞台上旌旗飘扬，松烟把老男人们的眼神照得格外血性，大家跟随崔健的手势呐喊、冲撞……身旁的90后姑娘捅捅我："为什么你们那么激动？为什么他们的歌曲我一首都没听过呢？"

我该怎么对她解释这代70后80后对一个时代的怀念和致敬呢？

我说："听下去吧，那是一个还用着红暖瓶，大街上唱着《九妹》，没那么多的车，小贩的吆喝也像一首摇滚诗歌的时代。"

唱到《新长征路上的摇滚》，崔健示意乐队住了声。银幕上出现了一个巨大的五角星，场内外寂静如旷野，崔健还是戴着他标志性的鸭舌帽，就像那代玩摇滚的人头上都别着一顶看不见的紧箍咒。崔健说："你们知道吗？那时不让我们搞乐队，不让一群人扎堆。我们就租了地下室，在地下室里偷偷地排练。人群站满了。没椅子坐，就蹲地上。站到了大街外……警察来抓人，叫我们都把手反背到头顶上，和犯人一样靠墙角蹲着，枪眼子就对着这些年轻人。"

"可是他们的眼神里有梦！那是亮闪闪的执拗的有梦的眼神。"

"就像这样……"崔健缓缓下蹲。手反绞到头顶上，"像这样蹲在阴影里……"

"你们想站起来吗？"崔健的声音庄严得像审判官，从遥远的地底传来，"你们想站起来吗？"

人群沸腾了。他们学着崔健蹲在了土地上。冰凉的土地渗着隔夜的雾霜。从脚底板爬起冷意。

"像这样，站起来！"人群肃静了几分钟，大地似在下沉，树叶静止在风里，随着崔健从台上缓缓站起，音乐响起。

所有人都兴奋地蹦起来了！蹦向了天空！

"如果你不蹲一次。你永远不知道这次站起来——对你这么重要。"崔健最后的一句话。

[2]

80 后们都不再爱听周杰伦了，尽管 80 后都曾学过周董含糊不清的唱腔，偷偷有过耍几下双节棍的念头，在高中的聚会上，K 过周杰伦的三两首歌曲。

他们渐渐开始听陈奕迅、李志……听国外的冷门音乐，听那些爱恨离别、死亡终极……

我曾经喜欢过 Eminem、丁薇、朱哲琴、Lube，我疯狂地迷恋过阿杜。那是我学生时代的偶像。

"风若停了云要怎么飞，你若走了我要怎么睡，心若破了你要怎么赔……"

后来我开始受伤，开始愤恨，我听《自杀是没有痛苦的》，lady-bird 里女声绝望地喊："Help me！ Help me！"我听死亡金属、电子乐、流浪民谣、怀念青春的、记载青春的，耳膜被击得生疼。只要能让自己变抑郁，我就可以把自己的世界与窗外的世界隔开。我需要一辆坚固的金属战车，碾压着我的情绪，我不再幻想，就不会再受伤。

只要能抓住青春的一张纸屑，我都会在夜晚伤感得泪流满面。那是怎样迷茫不安的年纪呢？

有一阵子，我在马路上走，当时我也没上班，做着自由撰稿人，车子把我阴戾的脸扑得一脸浮土，夜晚就坐在商场门、口的台阶上看一群群乌泱泱的人，面如土灰地从城市各角涌来，或像一堆击碎的芝麻似的掉下拥挤的公交车。我到了青岛，到了成都，到了北京、上海、广州、深圳、武汉等地。我曾经在成都的一家酒吧里，和一群年轻人在"六一"这天穿着海魂衫、红领巾，吃咪咪虾条、口红糖，手拉手地唱《娃哈哈》《黑猫警长》《让我们荡起双桨》《蓝精灵》，手臂上贴着《大力水手》《小邋遢》《鼹鼠兄弟》的贴纸。

我真以为，青春就这样过去了。告别了校园里的梧桐树和白裙子，在许巍的《那一年》里，迷茫地夹着公文夹，在十字路口奋力狂奔，只为了追上上班的公交车，像我写过的第一篇小说里描述的——青春像洗过脸的水，呼啦一下泼在脚底下，蒸发在空气里……

[3]

我喜欢过一个吉他手，我第一次见他，他正坐在琴行里弹《我要飞得更高》，他的声线迷人，长得也很像超载乐队的高旗，十八九岁留着长发，眼神像豹子似的反叛。我们把音响提到二楼的阳台上，打架子鼓。震得一条街的人都仰头看我们。我们承诺永不分开。他握着我的手指，教我弹他新写的歌曲。

他曾参加过摇滚乐队比赛，拿过奖，但在去北京参加决赛的时候，因为另一支乐队更有背景，他们被撤换了。

一回忆到这段经历，他就目光呆滞，盯着地板不作声。我叫他给我讲讲他们乐队排练的事儿，他都厉声拒绝了。

但我知道他还是会在深夜安静地擦拭自己的吉他。每个人心底都有不愿揭开的有关梦想的回忆，就像潘多拉宝盒，一旦开启，梦想的病毒就钻到你身体的每寸骨骼肌肤里，在夜半发作心痛如绞。不愿面对，就不用再做选择，不做选择，就不会折磨自己。

[4]

我曾经质问过自己，我到底在做什么？这是我想要的生活吗？

我也曾想过放弃写作，放弃想去外面看一看的念头——车来车往，人进人退，这个复杂的世界，已不适于单线条的人单打独斗。

出门前，一群朋友给我饯行，喝得人仰马翻后，有个哥们儿把我拉角落里，偷偷和我说："翮，你忒没心眼，出门必吃大亏，你当心点，别竖着出去，横着回来了。"

后来如他所说，我好几次差点死掉，有次插着氧气管在医院抢救了一夜，捡回了小命。

我曾觉得自己丢掉青春了，因为比起那些十七八岁的孩子们，我们要担心皱纹，担心账单，担心爱情和婚姻，担心失业。我也怀念那些柳叶飘飘，白衣摇曳的年代。躲在不用负责的青春年少里，我们只要在考试前背几本书就能达到及格线，可要在成人的社会里，达到及格线，需要付出多少汗流浃背的辛苦和一次次的伤心和怀疑。

可我们在做些什么呢？

记得在广州画家村。我和一个画家交谈，她在知晓我的年纪时，惊愕地说："原来你这么年轻。"

原来每个人都有自己解读的年轻，我们不过二十多岁，我们难道不是活在老辈人最羡慕的青春年纪里吗？为什么就要患得患失地怀念青春？

青春不是一个年纪的终结，也不是面孔的日益干瘪，而是永远有冲刺梦想的心情和挑战的勇气。抬起头来走自己的路。这才是青春的样子。

[5]

我们谁又知道，在 20 世纪 90 年代终结后。谢天笑、何勇等是否也得到了他们认可的幸福？周杰伦仍说着他的口头禅"蛮屌哦"，但不再抗拒记者采访，他已经 34 岁了，琢磨着在 36 岁结婚生子。

崔健在台上掷地有声："你不蹲这么一次。你就不知道站起来有多痛快！就像这样，被揍得鼻青脸肿后，蹲一会儿，等你再站起来，你会发现黑夜已过去了。天离你很近，你还是想大声喊叫和唱歌。"

"你们年轻吗？你们还有梦吗？"

别让你的梦想，变成每天的空想

〰〰〰〰

看一个节目，被一个男孩气到不行。

男孩长得挺帅的，身材也好，穿衣服也好看，更重要的是，他有一个金光闪闪的梦想，他想当模特。

长得帅又有梦想的男孩，是不是酷到让人尖叫？

本来应该是的，可是这个男孩在台上站了几分钟，就让人忍不住摇头叹气。

他确实有梦想，也因为有梦想，他变得趾高气扬，眼高于顶。他不屑于跟人打交道，不屑于工作挣钱，每天就是不停地买衣服，不停地自拍。无论遇到多少麻烦，无论别人怎么指责自己，他只要扔下一句话，心里顿时就爽歪歪。

这句话是：等我以后红了，你们都得跪舔我！

好吧，有梦想的人与众不同一些也没关系，但是，他为梦想都做了些什么呢？很遗憾，除了穿衣打扮，我没有看到他做任何与模特有关的练习。他每天有大把的时间，他用这些时间打游戏，刷朋友圈，睡觉。

家人为他找了很多份工作，可是每一份都干不长，因为他觉得，自己将来是模特，怎么可以做这些粗活？太掉面子了。他花着父母的钱，脸不红心不跳，还一脸洒脱，说自己以后成功了，会加倍补偿他们，他们不会吃亏的。

梦想就像中午的太阳，在他面前闪着刺眼的光，他沐浴在这强光里，觉得前途明亮得一塌糊涂，却没有看到，阴影早已将自己覆盖。

他不学专业知识怎么能够入行？他不多学习提升内涵，怎么才能更有气质？他不努力挣钱，拿什么包装自己？

以他这种每天不干正事只空想的方式，恐怕直到皮肤松弛，皱纹爬上脸颊，也不可能成为一个优秀的模特。

如果叫嚷几句，做一下梦就可以实现梦想，那这个世界就不会有那么多努力的人了，就不会有那么多人为了梦想吃苦受累。

但是，我们身边真的有很多这样的人。

有人天天叫嚷着自己的梦想是开一家小店，却从来不去做市场调查，不去关注门面租金，不去看货挑货。

有人梦想着写一部长篇，一年过去了，两年过去了，还是一个字都没有写，还是孜孜不倦地在畅谈。

有人梦想着瘦下来以后就穿漂亮的衣服，却每天照吃照睡，宁愿躺在沙发上一边看电视一边吃零食，也不肯下楼跑几圈。

有人梦想着说一口流利的英语，却从来不去记单词，甚至看外国电影只看中文配音的，一年又一年，还是什么都不会。

有位姑娘给我留言，她说自己有一个梦想，就是写文章，当作家。

隔着电脑屏幕，我都能感觉到她的神采飞扬。是啊，有梦想是多么激荡人心的一件事情。

我鼓励她，当然可以，年轻人没有拖累，利用时间看书写字，并不是一件难坚持的事。她也信誓旦旦地说，她一定会努力的。

可是一个月过去了，两个月过去了，她一点消息都没有。某一天忽然冒出来，问她文章写得怎么样了，她就开始连声叫苦：不好意思啊姐姐，我实在太忙了，没时间写。

我问她的时间都是怎么安排的，她洋洋洒洒说了很多，我却发现，除了一天八小时工作，其他时间，其实都是可以节省下来的。比如少参加几个聚会，少玩一会儿手机，家务用碎片时间去做。只要安排得好，每天至少有两个小时是属于自己的。

这两个小时留给看书和写作，足够了。

姑娘说：时间是能节省下来，可是，我老是想拖，老是控制不住自己。我觉得好难啊，根本不知道怎么动笔。

我谆谆教导：刚开始肯定难，咬牙坚持几天，养成习惯就好了，写得差一点没关系，关键让自己在那个状态里，这样每天进步一点点，不是每天都离梦想近了一点点吗？

姑娘答应试试，可是几个月过去了，再次聊天时，又是新的一幕重演。

我即使再热心，对于这样的人，也会心生不满，失了所有谈话的兴趣。我知道，她就纯粹只是有梦想而已，或许她根本就没有想着实现，只是觉得，一个人有梦想就显得自己努力上进。

还有一位朋友，也很想利用业余时间学点东西，比如插花，比如考个证书。她觉得，生活太庸常，她需要有点梦想来激励自己。

不管想学什么，只要有梦想，生活就会多姿多彩。

朋友年龄不小，所以我很佩服她的勇气，也一再地鼓励她，并帮她规划自己的时间。虽然她的时间被工作和家庭占去了绝大部分，但挤一挤，也还是有的。

比如家务可以让家人帮忙做，或者买些拖地机之类的智能家电，把自己从家务中解放出来，哪怕每天只有一小时，长期坚持，也会有惊人的效果。

可是很久过去了，朋友想做的事依然没有去做。

我忍不住问她为什么，她说，家人是指望不上的，家务还是得自己做。

我是个急性子，立即就红了眼：为什么指望不上啊？家务又不是你一个人的责任，你重视你的梦想，家人自然会帮你承担家务。

实在不行还能买智能家电请钟点工啊。

朋友不耐烦地说：我们普通人有很多无奈，没那么容易的。

我被噎得无语了。

一个人想找方法，就总能找到方法，而一个人想找借口，就总能找到借口。

是的，我知道，想要实现梦想，并不是一件容易的事情，我们总要迈过很多障碍。

这些障碍，有来自自己的，有来自家人的，还有来自不相干的陌生人的。但那又怎么样呢？只要你重视梦想，并真正放手去做，你会发现，所有的障碍都不算什么。

我也认识很多人，他们有的每天工作到凌晨，只为写一本小说，有的放弃工作，花光所有积蓄，只为做自己想做的事，有的严格规划自己的时间，只为挤出时间学英语、考证。

有梦想很重要，更重要的是，你必须每天都行走在前往梦想的路上，在为梦想做着看得见的努力，而不是一天到晚只有空想。

很多人信奉一句话：梦想还是要有的，万一实现了呢？

那我告诉你，如果你每天都是空想，那么，你的梦想无论多么美好，都不会有万一实现的那一天。

有梦想是好事，但为梦想所做的那些琐事，才真的是闪闪发光。

为了心中的梦，疯狂，出发

～～～

　　他叫孙剑，是网名为"行走40国"的旅游达人，拥有盖满了各国签证印章的6本护照。从2000年开始到现在，他用不多的积蓄游历了五大洲85个国家和地区。用他自己的话说，他就是个疯狂追梦的普通人。

　　如今的他，目光炯炯，身形矫健，非常自信："只要出发，就已经成功了七成。"但是，也许，你不会想到，其实他曾经是一位肾病患者，还一度担忧自己将不久于人世。他中学毕业后，离开家乡，南下广州，从电视台摄像做起，逐渐成为一名电视节目制片人。1997年他有了一档属于自己的电视节目，可以独立拍摄、制作、筹集人员。他欣喜若狂，成了一名工作狂人。

　　原本以为美好的生活开始了，可是，在连续加班几个月后，他病倒了，高血压，一只肾在萎缩，脸上也水肿得厉害。他开始失望，开始惶恐，开始彷徨，以至于心情抑郁，陷入生命的低谷，内心也充满了对死亡的恐惧。他一遍遍回想，一遍遍叩问，一遍遍反思："生命如此脆弱！我还有多长时间？"思索之后，他立下誓言，在有生之年，一定要实现自己的心愿——周游世界。因为他相信我们无法掌握生命的长度，但是可以掌握生命的宽度。

就这样，梦想的环球之旅开始了，第一次去欧洲，是浩浩荡荡的"跟团游"；第一次去泰国、缅甸、老挝交界处的"金三角"地区，是自助游，他自带快译通；第一次独自周游85个国家和地区……很多很多的第一次，让他摸索出了很多经验和妙招，带上中国结、指南针等一些富有中国特色的小礼物，结伴搭伙，"自己做饭""教中文""讲故事""魔术头巾"等，真是数不胜数。于是，他获得了大量网友的追捧，有了自己的粉丝团——"梦走族"。

当出游5年多后，身体状况逐渐好转，是"回归"正常，去单位上班，还是继续旅行，享受那份快乐和启迪，他又一次陷入了两难的境地，又一次人生的选择。在"梦走族"的鼓励下，他下定决心离职，把旅行正式列为自己的人生课题。因为当时已经去过60多个国家的他，对人生有了新的感悟：人的快乐其实和金钱没有什么关系。因为，在发达国家的都市街头，他曾见到愁容满面的年轻人；在四面透风、像亭子一样简陋的房子里，他曾见到兴奋舞蹈的老年人；在穷乡僻壤的山村里，见到纯洁快乐的小朋友。于是，他有了更深刻的体悟，快乐其实只是一种心境，寻找快乐最大的障碍不是任何困难，而是自己。

如今，他的出行已经走过了三个阶段："旅游阶段"，出门散心，去一些风景区；"旅行阶段"，住进当地人家里，多交朋友；"反思阶段"，带着主题去旅行，了解世界各民族的快乐观，并出版了一本书《中国人你为什么不快乐》。当然，接下来，他还会带着另外两个主题："梦想"和"生命"去旅行。

正如汪国真说的：没有比脚更长的路，没有比人更高的山。山高路远，只要出发，就一定如孙剑一样，梦想成真。也正如孙剑说的："人的一生一定要疯狂一次，无论为一个人，一个梦，一段情，还是一段旅途。只有疯狂过的人生，有激情的人生，才是完整的人生！"

其实，纷纷扰扰尘世中的人们，牵绊太多，放不下的太多，责任也太多，所以，总是顾虑重重，走不出去，也迈不出去，更放不开。但是，每个人都有自己的梦，每个人都有梦的权利。真的，生命会因有梦而充实，会因追梦而丰富，更会因疯狂追梦而精彩。

那就开始吧，为了心中的梦，疯狂，出发——

你是否能为了梦想，而默然行动吗

　　"答应我，忍住你的痛苦，一言不发地穿过整座城市。"

　　对于面对痛苦时该怎么办，这是我目前听到的自认为最好的最成熟的解决方案。而面对你炽热的梦想时该怎么办，我也是很赞同这个方法的。

　　成熟的人，不会再口口声声张扬自己的梦想，不会像小时候写作文一样，硬要想个最光荣的梦想出来，全世界的人都恨不得为你的梦想鼓掌才好。据我所知，把梦想挂在嘴边的人大部分最后都不了了之。相反的，那些一言不发的人，往往最后完成了自己的目标，而且出其不意的博得了大家的尊敬。

[1]

　　小北是我们这几个好朋友中最温润的一个，当年我们那几个瘦的跟猴子一样的文科少年，总是爱谈天说地，谈得最多的就是关于自己的梦想。每每用胳膊肘捅到小北时，他总是淡淡一笑，然后说出他一成不变的答案——写字为生。而我们这些人的梦想没个定数，今天发誓要当警察，明天看完一部好电影感动得热泪盈眶后就改口要当导演。

然而，只有小北的梦想是经得起平淡的流年的，而其他人的梦想早已消失在了风中，败给了反复磨合的时光。

写字为生，多少文科少年的梦想。有的人已经找寻到了绚烂的文字世界，却徘徊在门外始终不得要领。很多人很有天分，却不能够持之以恒，最终还是一无所成。小北属于没有天分那一类，当年我们调侃他的梦想，说他走错了航线。可小北当真是犟上了，他不信自己只能看别人的身后作，自己却不能成为这其中的一员。那以后他再没提过自己的梦想，可是谁都看得出他的努力。

为了灵感，他常常做梦，大半夜醒来把梦当灵感提笔就写。他规定自己每天写一篇稿子，无论好坏，风雨无阻。他看的电影和书都是要写长长的评论的，他做的很多事，都是在默默地朝那个方向奋斗。

他家并不是特别富裕，上大学的时候常常身兼数职。夜晚忙完了回到宿舍的时候，舍友多半进入了梦乡，他害怕点灯打扰了舍友，就蒙在被子里写。大学下来，小北戴上了眼镜，看着更像一个知识分子了。

小北一直很喜欢一本杂志的风格，他说如果在那里兼职的话既可以赚到钱也可以和很多人交流写作想法看很多作品。才大二的他就去扣了那家杂志社的门，当时杂志社是不招人的，何况他才大二，杂志社明确地拒绝了他。

他不死心，连续一个月天天跑到杂志社免费干活，就干些端茶送水整理文件这样的小事，而且每次都带一篇自己的作品来。在快满一个月的时候，那里的所有工作人员都记住他了，主编很诧异，当下亲自邀请他进杂志社工作，就当是实习，还开了不错的工资。这个温润的大男孩第一次高兴得手舞足蹈，将喜悦露在了脸上。

现在的小北已经如愿以偿，成为了一个靠写字为生的人，而且还写得风生水起，小有名气。

记得上次大年初五我们聚会时，夜晚热闹过后，几人人都挽着肩膀横七竖八的倒在床上睡了过去，半夜醒来，听见键盘敲打的声音。只见小北正倚在桌子旁专注地敲打着文字。月光照进屋里，只见他头顶有光，照亮了自己。

[2]

认识夏恩是在学校的社团纳新那天，姑娘柔柔软软的，像一朵栀子花。都是新生，又在一个系，我们很快就成了聊得来的朋友。

我们学校宿舍一般是六人间，各种不同的人从五湖四海聚在一块。偏偏夏恩所在的宿舍五个人全是本地的，夏恩一个人成了那一个例外，这还不是最糟糕的。宿舍五个人里没有一个是可发展为知己的，来了大学后，很多人像是瘪了下去的鱼，不用再去飞跃激流。以前除了学习还是学习，一些人在其他方面一无所知。上了大学后，肆意玩乐，醉生梦死。夏恩就是处在那样的宿舍环境里，格格不入的像一尾孤独的鱼。

她一直说要拿到免费出国留学的机会，为此，她从大一时就给自己定下了严苛的目标。每天学习大量的知识和语法，晚上跑完步把自己弄得筋疲力尽的再去睡觉。

她聊起小说如数家珍，在舍友眼里成了矫情。她弹吉她舍友说太吵，她练书法的时候，舍友在床上和男友煲电话粥。总之，她们完全不在一个轨道上，夏恩发出的信号舍友也完全接收不到。渐渐地，她也不再理会舍友的眼光，安心做起了自己。

夏恩所做的一切并没有错，她只是在慢慢地在让自己变优秀而已。

大四的时候夏恩家里出了情况，家境一落千丈。考虑再三她最终放弃了出国留学的机会。那时航空公司要来校招，条件是211大学出身和英语底子过硬，工资十分诱人。她想也没想地就投了简历，理由是家里缺钱。当时去面试的人黑压压一片，很多都是空乘专业出身。夏恩既不是空姐专业身高也没有太大的优势，不过她还是硬着头皮去面试了。

三天后面试结果出来了，航空公司只招了两个人，其中一人就是夏恩。为什么会是夏恩呢？原来夏恩在大学四年不仅闷着头为出国留学而奋斗，平时也有内外兼修，锻炼自己的气质和口语。这样优秀到光芒万丈的姑娘，运气是不忍心辜负她的。

而那些带着不屑的眼光调侃过夏恩的舍友，因为荒废了时光，才疏学浅，在面试优秀公司的时候根本去不了面试官的眼。不得不早早嫁为人妇，平庸的好像不曾出现在夏恩的世界里过。

不过，就在大家以为夏恩就要为了工作而奋斗终生的时候，她悄无声息的辞了职拿着存下的钱去继续完成自己的留学梦。

她说，年少时她有很多梦想，每一样都没有坚持多久。不是因为她不想专心，而是很多时候她不得已要放弃自己的梦想。因为家境的原因，她学会改道而行，当一条路行不通的时候，不要放弃学会一言不发，迂回前进，最终梦想还是会选择你的。

[3]

很多人谈的梦想，是风花雪月，是说走就走的旅行，是不劳而获的虚荣，是掩盖内心空洞的语言。

梦是属于自己的一种语言，少一样都不行。把梦想偷偷藏在心里，谁也别说，就这样一步一步地去实现就好。

一个人的成长要经历七曾，我觉得，一个人要实现梦想也得有几曾。

第一曾：你曾为你的梦想辗转反侧，彻夜难眠吗？

第二曾：你曾为你的梦想耗尽心血吗？

第三曾：你曾为了你的梦想，一言不发，穿过整座城市吗？

就算你飞不起来，
　前进的路上
总会留下你的脚印

〰〰〰

无论你在哪儿，都要记得对自己好一些

一切都会过去的，

就算飞不起来，

有脚印就知道自己活着。

就算你飞不起来，
前进的路上总会留下你的脚印

[1]

总记着几张面孔。失望的，落寞的，流泪的，还有天空下毫无表情的，统统属于青春的。都是这么跋涉过来，心里长着翅膀，但只能踩着城市的慌张，从车水马龙的街道走过去，留下清清楚楚的脚印。

因为飞不起来，所以才有痕迹。

没什么好飞的，挣钱才是正经事。为了挣钱，电视节目我做了十三年，什么类型都接触过，什么岗位也涉及过。记得 06 年跳槽，换台换节目，拿着带子到机房，后期都在忙碌，没有人理会我。

余盐是后期主管，说，你自己剪吧，对了你会不会?

我说，不会。

余盐说，我教你。然后他打开机器，录入素材，说，看，这是切开，好了，你应该会了，自己弄吧。

这种教学方式虽然简单到深得我心，但完全于事无补啊摔!

他自顾自离开。我坐在屏幕前，从深夜十一点折腾到凌晨四点，因为我只懂切开，所以把素材切成三四百段，然后乱成一锅粥。这时候余盐端着泡面进来，说，哎哟不错哦，好了你走吧。

说完他一敲键盘，素材恢复，跟刚输入时一模一样。我当即扑街，差点把泡面扣在他头上。

我还没来得及暴走，他转头对我说，陈末，现在你看我切的点，跟你有什么不同，对你有帮助的。

然后我硬撑着又看了遍他如何切三四百段。

很快，我因为前后期都能操刀，在新节目站住了脚跟。这件事我一直感激余盐。

期间我发现个秘密。我亲眼目睹余盐给他女徒弟送盒饭，买四个躲在办公室，精心搭配，荤素无比协调，层层堆叠，然后再从桌子底下摸个橙子，屁颠颠送到机房。他自以为神不知鬼不觉，但智商实在问题太严重，旁边那么多人，大家手里捧着寒酸单薄的饭盒，几十只眼睛瞪成乒乓球，这还看不出来见鬼了。

女徒弟叫刘孟孟。大家痛不欲生，每次吃饭还要尽量避着她，免得她发现众人盒饭跟她不同。我好奇地问几个后期哥们，大家支支吾吾地说，余盐德高望重，老头残破的心灵长青春痘不容易，给他点机会吧。

其实他也就跟我同年好吗。

我跟余盐越混越熟，喝酒的时候跟他说，这么干没意义，表白吧。

余盐叹口气说，你不懂，我不是要追求她，我就是照顾她。

我懒得理会，说，来，干一杯。

他目光锐利，冷冷地说，来得好。

然后一饮而尽，才第一杯，就直接滑到桌子底下去了。我顿时对他充满钦佩，酒量差但是酒品好的人，一定值得深交。

过几天余盐被抽调到外地拍片子，临走叮嘱我，帮他搞定爱心盒饭。我满口答应，转头就忘。第二天迟到，直接睡到中午去单位。迎面撞到几个后期哥们，在食堂门口堵住刘孟孟，我心里咯噔一下，完蛋，我似乎忘记什么事情了。

哥们手忙脚乱地劝说孟孟，我们帮你打。

孟孟说，那多不好意思，我自己来吧。

哥们急得青筋爆出来，看见我过来，怒目相对。我很不舒服，觉得不是什么大事，硬着头皮说，干吗，出人命了？

结果哥们差点跟我动手。孟孟在众人注视中，走到窗口，打了一份正常的饭菜。她似乎完全没有发现异常，端着走到桌子边。几个同事赶紧让位置，孟孟紧张地说，别，你们别。

哥们狠狠推我一把，各自散开。我摸不着头脑，尽管我忘记任务，但不至于这么严重吧。

祸都闯了，我索性坐在孟孟对面，还没开口，问题全部堵在喉咙。

孟孟边吃边哭，眼泪一颗颗掉进饭碗。可是她哭得悄无声息，筷子依旧扒拉着米饭，用力拨进嘴巴，一嚼，腮帮子上的泪水就滑落下来。

[2]

台里有份宝贵的带子，据说放在新闻库最里面。一般带子会反复使用，但这盘再也不会取出来了。

每台非编机里，这盒带子录入的素材永远都保存着，用密码锁住。

余盐回来后，听说了发生的事情，叹口气，深夜打开机器，解开密码，给我看这份神秘的素材。

镜头走进一个陈旧的楼房，扫了几圈，听到记者的声音：拍点赶紧走，给几个近景，有裂缝那些，我操……

镜头猛地抬起，砰一声响，然后彻底黑掉。

我惊呆了，转头看向余盐。

余盐说，水泥块。

我打个寒战，说，砸到人了？

余盐说，一平米多的水泥块。

我迟疑地说，摄影师？

余盐点点头，说，大刀，刘孟孟的亲哥哥。

新闻这行，我挺了解。每天起早贪黑守在医院和派出所，斗殴车祸基本都得往这两个地方送。哪儿传来死人的消息，必须快马加鞭赶过去，抢在警察赶到前。有个哥们，暴雨天收到河里漂上浮尸的短信，飞驰过去，车没停稳就扑下来，扛着机器二话不说冲河里跳，就是为了拍到尸体视频。

这些听起来辛苦，但搞到丢了性命，还是让人不胜唏嘘。

我们蹲在楼道口抽烟。余盐说，大刀是咱们后期的，懂摄像，当天摄像部人不够，借了大刀去。小区危房，年代久了，找不到责任人，去采这个新闻。

我说，我懂了。

余盐沉默一会，说，以前都是大刀给孟孟打饭的，他很疼自己的妹妹，觉得女孩做后期太辛苦。

我说，嗯。

余盐掐掉烟头，说，我没其他权利，只有一堆饭票。

我看他走掉的背影，无限萧索。

[3]

这个事件一直在市电视台流传。后来孟孟都是自己打饭，再也不要余盐代劳。有次我跟她做完片子，去吃中饭。我排她后面，估计连大师傅都知道了这个故事，他假装不看孟孟的眼睛，死命往她盘里打鱼，打肉，打花菜，打黄瓜，若无其事地端给孟孟。

坐下来，孟孟吃了几口，突然说，片子做好了，晚上我们去喝一杯。

我一愣，说行。

晚上去管春酒吧，孟孟说喝一杯，结果喝了好几杯。

她说，我想辞职。

我举着酒杯的手僵住，小心翼翼地问，怎么了。

她说，太累了。

是啊，所有的爱护，其实都在无声提醒她，你是个失去者。而所有的爱护，都不能弥补，只是变成一把钥匙，时刻打开非编里锁着的那段视频。

[4]

孟孟辞职，余盐经常找我喝闷酒。他那个水平，喝闷酒跟吃闷棍一样的，节奏非常快，嘴巴里喊一声"干"，杯子往桌上一声"啪"，然后整个人卧倒。

次数多了，酒量稍微好些。他醉眼惺忪，说，陈末，我明天走。

我说，你去哪儿?

他说，我也辞职了。回老家电视台，虽然小城市没大出息，但待遇好点，据说年终福利够买台车的。

他又喝一杯，掏出手机，里头草稿箱有条短信，写着：孟孟，我想照顾你。

我说，你干吗不告诉她？

余盐说，我能为她做什么？我他妈的什么能力都没有，送她饭票吗？妈的！

我猛烈思考，想说服他，他已经再次卧倒。

我一个人喝了半天，莫名愤怒，直接拿他手机，把草稿箱里那条按了发送。

叮咚一声，短信回了。这吓出我满头冷汗，颤抖着手打开，孟孟回了条：你在哪儿？

我瞄一眼余盐，发现这混蛋居然坐直了，瞪大眼睛望着我手里的屏幕。我没管他，直接回了地址。

接着两人面面相觑，余盐的脸色由红转白，怎么又绿了。

孟孟围着红色围巾到酒吧，坐我们对面，看着余盐说，听好多人讲，你也辞职了？

余盐沉默半天，说，我明天十点的飞机，你可以送我吗？

孟孟站起来说，如果我去了，就是答应你。

说完就转身离开。这屁股还没坐热呢，我大声喊，如果你没来呢？

孟孟停顿一下，没回答，走了。

[5]

第二天我送余盐，大包小包。他一直磨磨蹭蹭，广播都开始喊他名字了，他还站在登机口不肯进去。

我不催他。他始终望着机场过道，那笔直而人来人往的过道，从一号口到十二号口，中间有超市，有面馆，有茶座，有书店，就是没有孟孟的影子。

我跟地勤说，别管这位乘客了，你们该飞就飞吧。

余盐站着，背后是巨大的玻璃，远处飞机滑行，升空，成为他发呆的背景。这幅画面，好像放鸽子。

一个渺小的傻逼，背后升起巨大的鸽子。

余盐哭了。

[6]

从此我没有孟孟的消息。

去年出差路过余盐的家乡，他这次酒量大涨，居然换成白酒。

喝完整瓶，他突然说，孟孟嫁人了。

他挪开苹果，东摸摸西掏掏，翻出那个破破烂烂的西门子手机，说，我留着那条短信。

我有点糊涂，接过来一看，发件人刘孟孟，内容是："你在哪儿？"时间 2007 年 3 月 11 日 22 点 15 分。

他醉了，悉悉索索地嘀咕：我在哪儿？

我突然很难过，对他说，老余，别管自己在哪儿，你得对自己好一些。

余盐趴在桌上，继续嘀咕：是啊，我们都得对自己好一些。

我年少的美好时光，是想对你好的。后来发现，只有不再年少的时候，才有了对你好的能力。

可是你已经不在了。那我只能对自己好一些。

无论你是余盐还是孟孟，无论你在哪儿，都要记得对自己好一些。

一切都会过去的，就算飞不起来，有脚印就知道自己活着。

因为这些理由，所以我们要拼

毕业第二年，我离开生活多年的小镇，只身一人来到陌生城市。我想，当我们真正脱离父母的庇佑时，才明白那些曾经的美好，不过是他们在替你负重前行。而独立的生活，靠自己是有多艰难。

几乎是同一时间，所有的房租、水电，包括你的肚子都向你伸出双手，可你只能一人承受。一份工资，对你来说何其重要，你靠它有地可住，有饭可吃。所以你情愿加班加点，拼了命地干，不过是想累积经验，得到认可。

很多人不愿离开父母身边，大概是害怕承担这份自我买单的责任。可是，真正的成长，是需要独自去历练的，既然选择了，就要坚定地走下去，只有这样才会收获更多。

[2]

因为工作拼命，身边渐渐有朋友对我说："你也太拼了，凌晨一两点睡觉，早上六七点就起来，还要命吗？"也有人说："一个女孩子，不要那么拼，干事业是男人的事。"好像所有的人都在质疑你，女孩子那么拼干嘛？值得吗？

只有你一个人，在漆黑的夜里，用低到自己都心碎的声音，说一句：值得。所以，我想告诉你，我为什么要拼。

[3]

我很普通，就像这个世界上千千万万普通家庭的孩子一样。念初中时，父母因为工厂改制，双双下岗，一下子就断了经济来源。那段时间，我爸天天抽烟，心里急躁。我妈催促他找个工作，自己也起早贪黑，做起小摊生意。

可我爸妈大概是做不成商人的。我妈的铺子因为经营不善，草草收场。那时，我每个月生活费两百，面对很多喜欢的东西，望而却步。校园里，大家都穿着校服，可还是攀比着鞋子、包包，这些闪亮的 logo 无时无刻不在刺伤我的双眼。

我买不起这些远超过我生活费的物品。父母已经在艰难地筹集我的学费，我没脸去要。我自卑，甚至不敢跟别人正眼相对。也是从那一刻起，我决心要努力，不光是为了以后能有购买力，更多的是，要改变家境。

在那段跨越几近十年的艰难岁月里，我妈没买过一件新衣裳，我爸永远抽着廉价的香烟。可即使是这样，还是把仅剩的一切都给我了。我爸曾说，砸锅卖铁，也要让你读书读好。时至今日，想起来，这样简单的话还是无比痛心。

穷人家的孩子早当家，是岁月催促我觉醒与成长。所以，我要拼。

[4]

后来，让你失望了，并没有惊喜，我家条件依然糟糕。那一年，我上大学。也是同一时间，我爸的好友给他介绍了一份工作，离乡背井，他也去了。

生活有时候喜欢跟你开玩笑，我爸曾说，如果没有这份工作，我大学的学费他都急红了眼。

放暑假，我第一次找爸爸，那天，我们一起吃饭。我爸像是莫名有种负罪感地说："孩子，我对不起你。我没能力，知道你喜欢画画，却在你最重要的成长年岁里，无力负担和培养。也给不了除了吃以外的其他物品，甚至连吃，都是那么拮据……"

不知道怎么了，我就落泪了，眼泪流到嘴角，咸涩不堪。我说："爸，都过去了，我怎么能怪你。"那一顿饭，我吃到心痛。

　　而后来，我想起那些在现实面前折翼的梦想，想起看到小侄女想画画去报班，想学琴去买钢琴，她嘟嘟着嘴说"我不想那么累，我想玩"的时候，我的眼里只是涌入无边的落寞。

　　那一刻我才明白，家庭和出生我们从来不能选择。父母已经在尽全力让我们衣食无忧了。可我们长大了，还能选择自己的人生，靠自己去勇敢拼搏啊。"成不了富二代，就成为富一代吧。"我总是给自己打鸡血。

[5]

　　家里改观之后，我的大学生活也好了一些。那时候，我们宿舍六个人，其中一个家境殷实，而我跟 Z 处得好。有一次，我俩吃完饭，散步到湖边。Z 低着头，看着平静的湖水，长时间的沉默，就像跨越了一个世纪，说："你知道吗，我有多羡慕她，就有多恨现在的自己。"

　　"她啊，从来不用用功学习，不用担心手头的钱，穿着都是我叫不出名字的奢侈品牌，提着我孤陋寡闻的高档包包，她每天只要睡睡觉，看看剧，化个妆，开心出去约会就好。我呢，要毕业了，努力投简历，焦头烂额跑面试。"

　　"她啊，踩着两万一双的皮鞋，我只穿三十块的布鞋，她轻言浅笑，我却用借来的西装故作镇定地对着 HR 逞强。"Z 转过头，说了句我心疼了好久的话："我们什么都没有，有的就只剩自己了。"

那一天，我看着从来骄傲的 Z 啜泣着流泪，一边哭一边笑。"我不是比谁惨啊，我只是相信我一定可以靠自己拥有想要的未来。我，一定可以的。"不知道该安慰还是心疼，我只是用力地抱抱她。

我也一样，我也要拼。

[6]

所以，我想告诉你，我为什么拼啊？

为自己，既然想要遇见更好的自己，就要靠拼搏和勇敢去创造可能的未来。我们工作，不仅是为了那付出精力和时间得到的工资，更是收获在这个过程中的成长，拥有属于自己的成就感以及来自社会的信任和肯定。

为父母，我很穷，但我没有贫穷的思维。读书是我唯一可以抓住的藤蔓，而事实上，通过读书，我学会了很多道理，因为更加懂得自己的需要，所以能更好地选择人生。我要对父母负责，成为一个小棉袄，更是一个发热的小太阳。

为孩子，面对喜爱之物，能够有所选择。我见过吃一碗牛肉面因为肉少了而跟老板争吵的女孩，她的贫穷让她无力反驳。这让我想到曾经年少受过的不甘，不希望自己的孩子去面对他所爱之物必割舍、所想之事必抛弃的无奈。我不愿让他再走我走过的道路，也不愿看到他噙着泪花在汹涌的人潮中几近崩坍的脸庞。所以，我要拼，创造条件，为了让他能够拥有选择的权利。

为社会，做一个新时代的女性，完成一次人生的逆袭。激发自己的潜力，为这个社会的发展贡献力量。女性，不再是"弱势群体"，我不要变成一个年纪轻轻就亲手"杀死"自己的人。

[7]

这就是我想告诉你的，我这么拼的全部理由。

爱拼才会赢，噙着眼泪笑，总比悔恨痛哭好。一个人一生就一次，总要拼点什么让自己不至于活得那么平庸。你说呢？

我相信，每一个努力的人都值得被大声赞扬。

追寻梦想，从来都不晚

～～～～～

[搁浅的梦想]

周女士 21 岁那年，人生理想有两个：先考进市里的歌舞团，再找到如意夫君。就在这一年，周女士遇到温文尔雅的卓先生。两人一见钟情，二见倾心，很快便坠入爱河。

周女士是我妈，卓先生是我爸。我爸是个教书匠，据说当年喜欢他的姑娘排成队。外公外婆对我爸都极其满意，劝我妈早日完婚，以免夜长梦多。在多方压力下，我妈心一横，重新规划人生，决定先嫁人，再忙个人理想。但让她措手不及的是，婚后不久，她就怀上了我和卓娅。

奶奶抱孙心切，拍着胸脯向她保证，你只负责十月怀胎，孩子一出来，我全权负责，绝不阻拦你的艺术之路。被奶奶这么一说，我妈也没再拒绝。怀孕期间，她隔三差五去团里练嗓子，只等孩子落地重返舞台，追求她的梦想。

可是，等我和卓娅出生后，两个小人儿粉扑扑可爱得不行，哪个母亲舍得丢下不闻不问。直到 3 个月后，我妈狠了狠心，准备去市里培训。谁知她刚出门，我和卓娅就一个比一个哭得厉害，最后她只好退了票，折返回家。那时我妈 22 岁，觅得如意郎君，有了一对人见人爱的双胞胎女儿。与此同时，她的歌唱梦想搁浅了。

[偏心的妈妈]

我和卓娅一天天长大，会叫"妈妈"了，会走路了，该上幼儿园了，该报小提琴班了，我妈的心思，全都用在了我和卓娅身上。所谓梦想，只不过是偶尔才会想起来的事情。

因为她胎教做得好，再加上我和卓娅也算小有天分，联欢会上一出场，羡煞了旁人。最引以为傲的人，自然是她。

2003 年，我和卓娅一起升入高中。我是高分录取，卓娅花了一笔数目不菲的赞助费。那年市里组织的中学生歌唱比赛，学校唯一的名额，通过层层选拔，只剩我和卓娅。我妈和校领导商量后，将这个名额给了卓娅。

我当着校领导的面，质问她为什么，她只说，卓娅唱得比你好。那是我第一次发现，她对我和卓娅是不同的，连偏心都偏得这样理直气壮。

那次比赛，卓娅拿到第一名，我却高兴不起来。原本属于我的荣誉，因为妈的偏心，我连争取它的机会都被剥夺了。很长一段时间，我都在心里偷偷怨着她，甚至还暗自较劲，要好好学习，尽早远离她。

[与你和解]

高考后，我考上了离家很远的学校。而卓娅因为那次比赛中的出色表现，被市里一所院校的艺术专业破格录取。大城市的繁华与喧闹，让我慢慢淡忘了心底的那点不快。在这里，我有很多机会。错失的那点梦想，也找到了抵达它的另一种途径。

我参加了一个歌唱选秀节目，妈妈知道后非常支持我。每一场比赛，她都坐在电视机前，为我加油。到了决赛环节，我遗憾离场。妈妈的电话很快就打了进来："卓美，在妈妈心里，你是最棒的。"这句话，我当作她对我的肯定。

有次卓娅来学校找我，聊到妈妈时，她突然说："姐，你是不是怨过咱妈当年将那个名额给了我？"我愣了下，不知该如何回答。卓娅看我不说话，接着说："姐，你各方面都比我优秀。在妈看来，你的人生不应该是唱歌，而我却只会唱歌。"事实证明，我妈是对的。唱歌，只不过是我的梦想之一，可以换条路来抵达。不比卓娅，那是她今后用来谋取生活的手段。我妈的那点小偏心，实际上是良苦用心。那一刻，我在心里与她达成和解。

[帮你完成当年的梦想]

有一天，我无意中看到一个歌唱比赛，年龄无限制，便偷偷地替我妈报了名。我在电话里跟她说："妈，我要帮你实现当年的梦想。"她乐呵呵地回："小丫头，我都是老太婆了，还谈梦想？多丢人。"

可我知道，没有登上大舞台，到底还是她心底的一个遗憾。她再也不是当年那个说起梦想就两眼发光的文艺女青年。岁月不饶人，她开始变得自卑，变得畏惧曾经向往的大舞台。

我给她发了一条微信：亲爱的老妈，曾经我也以为这辈子没有机会在大舞台上唱歌，可后来你都看到了，我站在了全国观众的面前。所以，相信我，你也可以。

这招很管用，我妈答应了参赛。她是所有选手里年龄最大的，舞台上的那个她，再也不是当年那个万人迷，可在我和卓娅的心里，她早已是完美的满分。看着她，台下的我们忍不住红了眼眶。

这些年，周女士因为我和卓娅而耽误的梦想，终于换了个方式抵达。我还没来得及告诉她，这样的她，让我和卓娅特别骄傲。而我还想告诉全天下的妈妈，那些在你年轻时搁浅了的梦想，都还可以重新抵达。因为，梦想从来都不晚。

你微笑，世界就对你微笑

早晨，楼下的小广场里，一个中年人在打太极拳。

一只猫——该是他家的吧——在他的脚踝上蹭痒痒。顽皮的它，似乎只愿在固定的那个脚踝上蹭。随着舒缓的太极动作，中年人的腿腾挪到这边来，猫就跑到这边来蹭；中年人的腿轻移到那边去，它就跑到那边去蹭。猫靠在主人脚踝上的样子，幸福而张扬，一处脚踝仿佛便是它在尘世的甜蜜靠山。

那天，中年人自顾自地打着太极拳，始终没有对猫表现出什么来。他应该早感觉到猫的顽皮了吧，仍是任由它那样。中年人的太极拳打得不错，轻柔舒缓，开合有序，像一支悠扬的曲子。而那只被娇宠的猫，则像极了曲子上灵动的音符。

有味道的世界，是有趣的人营造的。这样的世界，美得令人疼惜。

门外，一个小男孩蹦蹦跳跳地要进来。

这是一扇很重的门。门里的他，远远地看到了，一个箭步冲上去，把门拉开，等着男孩进来。然后，他才出去。

哪料到，男孩转身一推门，又出来了。男孩站在门边，盯着他，不走。

他笑，问，孩子，你怎么啦？男孩说，叔叔，你什么时候进去？我也要为你开一次门。

他又笑，随口说句，叔叔不进去，转身便走。几步外，他一回头，男孩依旧等在那里，一脸的真诚和庄重。

那天，他做了这个世界上最好看的一件事。他返身回去，站在门前，看着男孩一点一点为他推开门，接受着尘世间一份最小而又最隆重的报答。

去邮局办点事。

人行道上，左边停了一辆车，右边停了一辆车。只剩下窄窄的一条过道，仅容一人过。

我正要过。迎面来了一位大娘，六十几岁的模样，骑着一辆自行车，见我要过，她慌乱之下车把突然歪歪扭扭起来，几欲倾倒。我赶紧闪到车尾，让她通过。

办完事出来，两车还堵在那里。巧的是，我又碰上了那位大娘。除了方向相反，情况与刚才如出一辙。这回我提前闪躲到了车后。大娘过来的时候，朝我笑了一下，还嘟囔了一句话。

那一句话，声音低低的，像是自言自语。但是于我，却像雷声轰然作响，那三个字是：谢谢你！

原本与一个人素昧平生。

跟他打过一次乒乓球。中途他一下子发过两个球来——原来，刚才捡球的时候，不知道从哪里捡的一个破球，他藏在手里，一并发了过来。蹦跳的两颗球晃在我眼里，一下子，心为之一动——这是个好玩的人。

果然。他曾经效仿《浮生六记》中的芸娘，把一撮茶叶，藏于午后池子里一朵荷花的花心。这样，欲待其一夜闭合，来日早晨花再打开的时候，收获不一样的茶香。然而，那一次，荷花仿佛就未曾闭合，结果，茶叶尽数零落于水中。他知后，不愠反喜，说，一池子春茶，汤色正好，与我品来！

他尤爱写字画画。他说，宣纸中最好的，是南唐后主李煜藏于宫中的一种叫做澄心堂的纸。他竟然不知天高地厚，自制这种宣纸。其实，他制的纸，一塌糊涂，根本算不上宣纸。他说，纸好坏不重要。重要的是，我能为造这纸，一遍一遍洗心。

大家都说，他是尘俗中的高人。何谓高人呢？大约，就是灵魂里有不灭的诗意吧。

下乡家访。

几句寒暄后，主人便设茶招待。但等了半天，也未见水上来。主人朝外边喊一嗓子，喂，水呢？莫不是刚刚开始挖井吧？

女主人笑着应一声，没有，挖井需要铁锹，正炼钢呢！

女孩，即我们此次家访的对象，一边帮着母亲在外屋拾掇，一边也加入到对话的行列中。她说，哪里啊，我妈妈还在探矿的路上。

说实在的，这家的家境并不好。前几年，做买卖赔了钱，债台高筑。爷爷奶奶卧病在床，无力医治。于是，要强的女孩有了辍学的念头，想帮一帮家里。

那次，我们从女孩家出来后很轻松。也许，这样一个家庭，真的不用为他们担心什么。因为，人生所有的苦难与不幸，总会为乐观而坚强的心让路。

面对迷茫，你可有勇气战胜

H是我的大学同学，我认识他是在期中的一次课堂展示上。通识课程枯燥无味，很多同学无非是为了获得2个学分，简单地翻阅资料应付考试。H排在靠后的次序展示，但他的出场却让我耳目一新。震惊我的并不是炫酷耀眼的PPT，而是他颇具创造性的观点和旁征博引的论据，可见H在课下是花了真功夫的。

那会儿，我的学习和生活一塌糊涂：早上睡到10点，中午匆匆叫个外卖，下午翘课睡觉，晚上熬夜联机打dota，直到考前才会拖着疲惫的身体去课堂等着老师划重点……这并不是个例，颓废的气氛弥漫在整个宿舍，其实大家都很迷茫。没有老师和父母的谆谆嘱咐，谁来定义大学生活？谁知道哪些事情才是意义的，可以直接左右以后人生的成败？谁又知道纷繁复杂、诱惑丛生的社会中，哪一条才是通向理想彼岸的正确道路？很长一段时间内，我都相信大学生活就该如此。

H的出现，让我对自己的认识产生了怀疑，我开始留心H的生活。每天早上，他都是6点半雷打不动起床，在小树林背诵一个小时英语后，便按时上课或泡图书馆。中午H会休息半个小时，如果下午没课，H 总是习惯性地去打排球。半年后，他已经可以和体育系的学生一争高下。

每次考试，H 成绩都是名列前茅。但他绝不是传统意义上的"好学生"。他常常会因观点不同和老师激辩，有理有据，却没有半点情绪发泄。对了，H 组织的"一台都不能少"活动还成为"校园十佳"——每个月末，H 会带领社团的同学把从四面八方收集来的旧电脑维修、更新、清洁后，送到周边的民工子弟学校。

更让我惊奇的是，H 一上大学就实现了经济独立。除了每年都会拿到的奖学金，他周二和周四晚上会出兼职做家教；还考下了导游证，寒暑假我们在家中吹空调时，他已经带领国外来的旅游团周游全国了。

H 的生活、学习、工作，一切都井井有条，充实而不凌乱。在我们每天还"醉生梦死"时，他已经将生活过成了诗。我曾问他，365 天的"档期"都排得满满的，累不累？

"一点都不累啊，我很享受这种生活。"H 的回答显然超出我的预料。原来，刚上大学那会儿，H 如同大家一样，面对未来脑子中一片迷糊，他一度纠结得要去看心理医生。然而，他最终迈过了那道槛儿，"现在，每一天我都不敢懈怠，努力成为更好的自己。"那一刻，我才恍然大悟，原来"男神"也有鲜为人知的迷茫时光。

是啊，谁的青春不迷茫呢？20多岁的大学生，就像脱缰的野马在无垠的原野狂奔一样，谁知道哪个方向通往丰润的草场，哪个方向通往泥泞的沼泽？可是，当我们因为迷茫而作茧自缚时，有的人已经振翅高飞了；我们因为迷茫而浑浑噩噩时，有的人事业上已经蒸蒸日上了；我们因为迷茫在起跑线上裹足不前时，有的人已经积跬步成千里，胜利在望了。

记得两年前，楼下的房间租住一位姑娘，邻里关系处得如鱼得水：她喜欢将自己做的点心分享给大家，蛋挞、松饼、提拉米苏样样在行；下班早的时候，姑娘会去给对面邻居家的孩子辅导功课，作为感谢，邻居也会留她吃饭；一楼住着对老夫妻，生活中有诸多不便，自然也少不了姑娘的帮助，网上购物、手机聊天、医院挂号，这些生活琐事她都主动承揽。

那会儿我是刚刚毕业，北京巨大的生活压力常让我整夜整夜地失眠。"大家都很迷茫，你并不是唯一的。"姑娘极力安慰我。原来，她刚来北京时也一样无助，常常吃了上顿就不知下顿该怎么解决；每次发工资的时候，她又得精打细算一番，得留足富余偿还信用卡欠款；小姑娘还得和黑中介斗智斗勇，房子住着就得想着下个月往哪儿搬。

工作上的事，更是让姑娘烦恼透了。她在一家老国企上班，单位效益极差，可偏偏又被分在边缘部门。作为年轻人，这姑娘的工作被各种鸡零狗碎的杂事充塞得满满当当，端茶倒水、收发快递、整理材料、更新电脑。办公室里的大叔大妈们也很难相处，他们永远热衷的话题无非是哪家菜市场的鸡蛋降价了，微信转发的段子说常吃石榴能防癌，楼下部门的阿姨上个月离婚了……"那段时间特别迷茫，不知如何料理好以后的工作和生活。不敢想象自己 10 年后、20 年后会成为什么样子的人。"每提及此，姑娘总是十分伤感。

"想改变现状，必须逼自己一把！"突然，姑娘眼睛中闪耀起光芒。姑娘开始逼迫自己在工作上精益求精，常常自愿加班、披星戴月。但无论多晚回家，她都要读一个小时的书。她甚至报了班，利用周末时间充电学习法语和 CFA，两年就考下了证书。姑娘的生活也逐渐丰富多彩，她要求自己每周必须学会一道新菜，练两次瑜伽。她强迫自己打开心扉，主动认识每一位邻居，"如果连自己的家门都走不出，还怎么去看看世界？"半年后，姑娘的才华被领导赏识，调到了销售岗，工资翻番。到年底，拿到了 10 万元奖金。

毕竟，青蛙总是被温水煮死的，不是吗？显然，这位姑娘在被"煮死"前成功跳了出来。心理学上有个"舒适区"理论，人们一旦打破原已熟悉、适应的心理模式，就会感到不安、焦虑，甚至恐惧，这个"舒适区"就是煮死青蛙的"温水"。想走出迷茫，必然会触痛你的心理防线，逼自己一把，及时跳出来，才能避免就此沉沦的厄运。而你的舒适区一旦被打破，它的范围就会再次扩展，原本你认为不可能的事情也会变得易如反掌。

迷茫并不可怕，可怕的是没有面对迷茫的勇气——不知未来如何就羞于前行，畏惧错误就裹足不前，以及害怕被排斥就盲目合群，成为自甘堕落的人。面对迷茫时，只有逼自己一把，才能走出窘境，看清未来。

相信我，迷茫不是你一辈子的避风港，咬紧牙关逼自己一把，即使万分无力，也要迎难而上；即使前路曲折，也要大步迈开；即使心中怯懦，也要硬着头皮挺住；即使希望渺茫，也要永不言弃。当你坚持下来，会惊喜地发现，付出的一切都是值得的。想想当年你咿呀学语、蹒跚学步的时候，如果不是逼着自己张开嘴、迈开步，怎会知道这个世界五彩斑斓呢？

高攀的人生，昂扬的斗志

有位朋友，业余喜欢写写文字，用她自己的话说，是十八线小写手。可就是这位十八线小写手，听说某位名作家到了她所在的城市，立即邀朋唤友要跟名作家见面。朋友们大吃一惊，说人家多出名啊，会理我们这种小人物？

没人愿意一起去，她就一个人去了。结果出乎所有人意料，她不但见到了名作家，还一起喝了下午茶，这次"高攀"之行，可谓收获满满。

尝到甜头后，她就经常干这些"高攀"的事儿。虽然也遭遇过难堪，也被拒绝过，但几年下来，她比一般人见识了更多的名人。她在这些人身上学到了很多优秀的品质，学到了很多写作的技巧，开阔了视野，眼界和格局也发生了改变。

现在，她的文章越写越多，也越写越好，虽然离名家还很远，但她相信，只要多从名家身上汲取营养，早晚有一天，自己也会成为名家。

我的一位亲戚，高中毕业后南下打工，在酒店里刷盘子，每个月工资不到两千元。一天，亲戚突然说要买车，把周围人吓了一跳，买辆车是用来看的吗？

大家善心爆发，纷纷劝阻。但亲戚就是不听劝，不能一次性付款买车，但可以分期付款啊。很快，他拿到了驾照，开着新车喜滋滋上路了。当然，做这一切的代价是他不但花光了积蓄，还借了父母、亲戚不少钱。

他买了车，就不再刷盘子了，而是找了一份销售的工作。这时候，他的车发挥了作用，省去了等车转车的时间，他随时都能见客户，而且因为开着车，给客户一种他是"资深销售员"的感觉，谈生意总是比其他销售员容易谈成。

虽然刚开始工资都不够买油的钱，但很快，他在公司站住了脚跟，成了金牌销售员。现在，他不但买了房，还换了辆好车。

亲戚说，当初的那辆车，是他"高攀"了，以他当时的收入，根本开不起，但他就是想要一辆车，就是想过上有车人的生活。如果这只是一个梦想，可能永远也无法实现，还不如干脆把它变成现实，再努力维持这种生活。

我刚到外面打工时，和大多数务工人员一样，住在城中村的民房里。出租房没有卫生间，没有厨房，没有网线，而且离公司很远，我每天骑车上下班都要一个小时。

我对这种居住条件当然很不满，每次经过公司附近的一个小区，我都会仰望很久，然后轻轻地对身边的人说："我能不能搬到这样的地方住？"听到这话的人都会摇头，告诉我，这里的房租有多高。

我在城中村住了半年，知道了有些人在城中村一住就是七八年。刚开始我也安慰自己，别人都是这样过来的，凭什么我不能？但是随着时间的推移，那些自我安慰变得像泡沫一样易碎。没有卫生间，我每天晚上都睡不踏实；没有网线，我写好的文章就没有办法发出去。

半年以后，稍稍有了一点余钱，我便一咬牙，搬到了我曾仰望了无数次的小区里。新房子有厨房、卫生间、网线，还有大窗子，上下班也特别方便，走路十几分钟就到了。我不再晚上失眠，宁静的晚上，我可以为自己做顿美食，再安心地坐在电脑前，把写好的文章发出去。偶尔有稿费单寄到公司，从零零碎碎到源源不断，很快，稿费差不多也快够交房租了。

虽然住高档小区对于低收入的打工者来说，是一种"高攀"，但是我得到的，绝对比多付的那些房租更值钱。

我们一贯的认知里，就是做人要脚踏实地，不要好高骛远，不要去高攀。事实是，有时候我们就是要抛下羞耻心，适当地去高攀一下。这样，我们才能看到更多不同的风景，能给自己一种激励，能给生活带来更大的方便，能让梦想更早一点实现。

总是站在低处，视线会受阻，斗志会丧失，梦想会磨灭，不如放下那些包袱，大胆去高攀。让风从耳边过，把心涨成饱满的帆。

与人方便，才能自己方便

~~~~~

在新疆草原上，生活着一种鸟叫山灵，是一种类似于百灵或云雀之类的鸟儿，本来以筑巢为生；有一种鼠叫黄鼠，体形大约比鼬要小，比田鼠要大，视力较差，在地下打洞为生。在没有树的草原上，草丛里到处可见一座座拱起的小鼠山，这些看起来一点都不起眼的鼠山，就是这些山灵与黄鼠共有的"家"。这些鼠洞从外面看起来平常，可地下却犹如迷宫一样，洞洞相连，四通八达。

天上飞过的山灵为什么要入住黄鼠的洞穴？因为这里没有树，山灵找不到安全的地方作窝，就只能与那些在地下的黄鼠争地盘，抢占它们的洞穴为巢。起初，那些黄鼠并不甘心自己的地盘被占，双方也展开了一些争斗。可斗来斗去，山灵最终还是入住了黄鼠的地下洞穴。黄鼠不情愿地忍受了这个霸道房客的入住。

菜花蛇是黄鼠的头号天敌，黄鼠视力不济，而菜花蛇的保护色又实在难于辨识，当黄鼠单独遭遇菜花蛇时，常常会遭到菜花蛇毒手，成为菜花蛇的腹中餐。后来，黄鼠意外发现自从山灵鸟入住后，山灵鸟能有效地地帮助它们防御天敌菜花蛇的入侵，使它们免遭菜花蛇的"毒手"。当菜花蛇出现时，山灵总是凭借着它出色的眼力，像一架预警机一样飞起来喳喳乱叫，给黄鼠提供情报。眼力不济的黄鼠闻讯后，就赶紧招呼亲友们入洞。鹰蛇之类的天敌常常是欢心而来，空手而归。

因为山灵的入住，黄鼠洞穴的安全系数比以前有了空前的提高。它们再也不用害怕天敌会在自己的家门口搞一些突袭的小动作了。黄鼠在与山灵的那段痛苦的磨合中，惊奇地发现一个自己从来都不知道的秘密：容忍别人的存在，也可以与己有利，合作才能共生共赢。

于是，一个天上飞的山灵，因为无枝可栖而被迫转入地下求生；一个地下藏身的黄鼠，为了躲避天敌的偷袭而需要借助山灵的预警，这两种本来风马牛不相及的动物，竟然不可思议地和平共处生活在同一个洞穴里，"共生"一起，互相合作，为双方的生存提供了保障。

其实，生活往往就是这样：当你为别人打开一扇方便之窗时，也就为自己开启了一道方便之门。"一根筷子轻轻被折断，十根筷子牢牢抱成团"，充分发挥各自优势，相互合作，就会取得 1+1 大于 2 的效果，与人方便才能自己方便。

人生不惧一次又一次开始

他似乎天生就是一个喜欢重新开始的人。

他只读了两年成人会计专业，毕业后父母为他安排了一份在秦皇岛税务局的工作，可他不顾父母的劝阻，执意闯荡北京。那一年，他 21 岁，还不知道何谓"写字楼"的他却想进入北京的写字楼工作。这谈何容易！

不进写字楼就不进吧！中关村有人要他去给电脑拧螺丝。他想，这个自己能行。可他只做到第六天就被老板炒了。事后他还挺天真地说，我以为老板会理解一个初来乍到的人在北京的难处。原来他因囊中羞涩，住在偏僻郊区，连续 5 天都是 12 点才赶到公司。

那就重新开始吧！

他很快就又在国贸附近找了份给电脑清理灰尘与病毒的工作。虽说工作不怎么样，可为他提供了许多机会。很快，一家新加坡在北京的公司让他做网管，工资虽说一般，但顶级的外企让他进一步领略到了什么是真正的"写字楼"。

这份工作让他手中慢慢有了钱，可有一件事却让他心中很不是滋味。

他要进 IBM。半年后，也就是 24 岁时，他与北大、清华最优秀的毕业生一同竞争，居然胜出。也就是说，他花了三年的时间，终于可以与清华、北大最好的学生一争高下了，熟悉他的人说他从社会这所大学毕业了。

在 IBM 这个强手如林的地方，要想成功，在某项业务上必须出类拔萃。他却另辟蹊径，要去翻译资料。这个在高考时英语只考了十几分的人开始学英语，就这样，他竟然将 IBM 的 AIX 操作系统手册翻译了出来，这也是当时国内有关 AIX 操作系统最早的中文资料。这让他获得了全球优秀员工奖，试用期一过，他即飞往夏威夷度假，这在内地是第一人。

由此，他对重新开始也似乎上了瘾。

第二年，他转行去做销售员。一段时间，他的销售业绩也不错，然而他并不满足，他把眼光盯向了 IBM 全球最年轻的副总叶成辉。他可是销售行业少有的精英翘楚。

为了观察叶成辉，他在公司睡地板，一连五天不曾离去，仔细观察让他发现，与叶成辉相比，自己在三个方面差距巨大。一是不能在最短时间内表明自己的目的，二是不能在最短的时间内发现对方的需求，三是不能在最短的时间内把事情按重要性排序处理。

于是，他对症下药，严格要求自己。无论多么复杂的问题，必须在三秒钟、二十个字内说清楚；与人沟通之前，必须在三句话内说出对方最关心的话题，并为此次对话目的服务；他还让自己必须只做那些缺了他不可的事情。

很快，他的销售进入了一个全新的天地，经手的全是千万甚或过亿的销售项目。短短几年过去，不仅是他，他所带领的团队也创造了连续多年不败的销售神话。

就在人们羡慕不已时，他辞职了。他说，我想自己创业！不久，他的策划公司就挂牌了。2007 年，横空出世的股票明星胡立阳，就是通过他一手运作策划的。在对胡立阳的策划一举获得成功后，他又把目标瞄准了自己。当时职场小说正风起云涌，如《输赢》《圈子圈套》《杜拉拉升职记》等。他决定将自己多年在销售上的摸爬滚打、成败得失，推销出去。

8 个月后，他的小说出笼了。

这本名为《做单》的小说出版后，一周内就高居了网络销售排行榜首位；一个月内位居各大书城销售排行榜首位；三个月后以百万签约卖出影视版权。

他就是 1976 年出生于北方一个小城市的胡震生。

人生不惮一次又一次开始，这样，你的人生也就能一次比一次站到更高的高度，也就能让自己看到一次比一次更加壮观更为美丽的风景……

前方没有路，你可以向上走

　　小文医学院毕业后，开始为找工作犯愁。他将一份份精心制作的简历递出去，却都石沉大海。他又参加了专门针对医学毕业生的专场招聘会，本以为不会像综合招聘会那样有很多人，没想到在招聘现场，他发现自己变成了人海中的"一滴水"。看到竞争如此残酷，他逐渐放低了就业目标，决定哪怕县医院也可以先考虑。然而只招两名毕业生的某县医院，已有不少研究生在排队等待面试。小文又想回老家工作，但老家的乡镇医院也不好进，虽然动用了亲戚朋友的力量，至今仍无结果。为此他非常苦恼，找到我诉苦，哥，我真的是走投无路了。

　　我知道仅仅安慰他是没有用的。思忖片刻之后，我说，给你讲个故事吧。

　　有个女演员，从上海戏剧学院毕业后，也面临着找工作的压力。由于没有世家背景，没有熟人举荐，结果四处碰壁，没有任何单位肯接收她。这天，当教师的父亲陪着她在北京的街头转悠，又去应聘了几家艺术单位，均遭拒绝。一种悲凉的情绪同时萦绕在父女俩的心头，他们真的感觉到什么叫走投无路了。

这时候，父女俩恰好转悠到了"北京人艺"的大门口。她一眼望见"北京人艺"的招牌，就想，这里我还没试过，何不进去试试看呢？稍微有点顾虑的人都会想，北京人艺是什么地方啊！那可是国家级的艺术殿堂，几十年来凭其严谨精湛的舞台艺术和情醇意浓的演出风格，在中国话剧史上创造了许许多多的辉煌，堪称"中国话剧的典范"，在国内外享有盛誉。你不想想，一个连二三流艺术院校都不被录用的人，也敢幻想踏进北京人艺的门槛吗？但她偏没有顾忌到这些，径直大大咧咧地闯进了人艺的院长办公室，先将自己的简历和学校老师的评语交到院长手上，然后就滔滔不绝地向院长介绍自己。这种初生牛犊不怕虎的愣劲儿，使院长一下就对她刮目相看了。两天后，他们为她一个人安排了由几位人艺领导及著名艺术家任考官的面试。起初无论她唱歌或是跳舞，各位评委老师都热烈鼓掌，以示嘉许。但在最后一关，在5分钟内现场表演一个小品，她觉得自己没有发挥好，起码不如自己想象中的好。表演完了，评委老师让她回去等通知。她暗想，完了，这回肯定又没戏了。就沮丧地说，老师，我就不请你们吃饭了，因为要请也只请得起面条。评委老师们说，不用不用，你走吧。

　　回到租住的小旅馆里，看到父亲满怀渴望的眼神，她像虚脱了似的摇着头说，不行，可能还是不行。父亲当时没说什么，却看得出他眼底的失望，父女俩连吃饭的心情都没有了。哪知下午五点钟左右，她突然接到了一个电话，是北京人艺的老师打来的：来吧，你被录取了。父女二人当时竟不敢相信这是真的，激动得一起落了泪。她，就是凭借电视连续剧《当家的女人》中的出色表演，荣获第 24 届全国电视剧"飞天奖"的王茜华！当初，曾为找一份工作四处碰壁的她，最后竟误打误撞地进了北京人艺！

我问小文，你说，她为什么能应聘成功呢？小文若有所悟地说，她是个有胆量有气魄的人，敢于独闯人艺推销自己，所以才在艺术的最高殿堂赢得了一席之地。我赞许地点点头：她先前积累的多次应聘经验，在北京人艺这一关全部用上了，所以她当时的表现是最好的状态。另外，当别人走投无路时，是越来越向下走；而她却选择了向上，结果她成功了！

小文激动得一把握住了我的手，哥，我知道该怎么做了。谢谢你！

果然不久，就传来了好消息：小文有幸被省会一家最知名的医院录取了！在他发来的感谢短信里，有这样一句话：当你走投无路的时候，千万别气馁，因为你还有一条出路：向上走！

方向正确了，你的努力才有意义

可能很少人知道，黄渤最先是以歌手身份出道的。但是，当其他同门师兄妹都火遍乐坛时，黄渤却一直没能红起来。黄渤从广州辗转到北京，跑夜场卖唱，不断给唱片公司投歌曲小样。但是所有努力都像打水漂，没有一点回报。后来一次偶然的机会，黄渤出演《上车，走吧》这部电影。他发现自己很有表演天赋，于是选择转行做演员。这个选择改变了他的人生，他出色地演绎了很多电影角色，他自己也从此星路大开，收获事业的成功。

很多时候不是你不努力，而是你努力的方向不对。

稻盛和夫是日本一位著名的实业家。他认为自己之所以能拥有成功，是因为他懂得自我改变，懂得调整心态去适应环境。

稻盛和夫的第一份工作，是在一家随时都有可能倒闭的公司任职。他在工作中的压力很大，而且感觉每天做着无用功。他厌烦、痛苦，觉得是在勉强自己。

后来，他发现一味觉得工作难做、感到难受并不会给自己带来帮助。于是他开始改变，尝试用热爱和全神贯注的心态去投入工作。是的，那段时间，是他逼着自己对工作产生"热爱"。后来，他渐渐地在痛苦之中产生愉悦感。因为改变，或者说某种程度上逼自己一下的改变，他击破了很多难题，最后获得了巨大的成就。

有时候不逼自己一下，你永远不知道自己有多优秀。

敬一丹在 30 岁的时候，努力考取了北京广播学院的研究生。经过三年的苦读，她得以留校任教。在那个时候，能够有这样体面而轻松、收入又不错的工作，对于很多人来说，这已是非常不错的了。但敬一丹自己并不满意。

在她 33 岁那年，中央电视台经济部来北广招人。敬一丹为了不让自己留遗憾，为了去往更大的舞台，她在激烈的竞争中扛了下来，最终以优异的表现进入中央电视台。

能够保持安稳的现状确实不错，但是这样的你，在这个快速迭代的当下，不会知道自己什么时候就会变成井底之蛙，什么时候就会落于人后，什么时候好机会好选择就会被你错过。

很多时候，我们会迷失自己，以为努力没有回报，以为压力无法消除，以为舒适了就可以满足。其实，不是你笨，而是你努力的方向不对。

不行动，最后哪里也去不了

～～～～

"18 岁读大学，问你理想是什么，你说是环游世界；22 岁读完大学，你说找了工作以后再去；26 岁工作稳定，你说买了房再说；30 岁有车有房，你说等结婚了再带老婆一起去；35 岁有了小孩，你说小孩大一点再去；40 岁孩子大了，你说养好了老人再去；最后，你哪儿也没去。"

这是今天我在微博上看到的一句话。

今天，大部分人毫不掩饰对旅行、流浪、去远方、在路上的生活状态的羡慕和向往，纷纷表示人生若能如此洒脱地走一遭，无憾矣。然而，这大部分人又说了，现在走不了，遥远的梦想不现实，没有钱、英语不好、不工作没收入，怎么旅行？……而青春，就在这一个又一个的理由中逝去了。

不由得想起另一件事。每当得知我大学所修专业是心理学时，超过 90% 的人立刻表示自己对心理学也很感兴趣，很想学一学。但是这些人中真正去借阅过心理学专业著作的，寥寥无几。绝大部分人只是说说而已，永远也不会付诸行动。他们想学吗？我相信是想的，只是还没有到那种会利用业余时间去试着真正学一学心理学、试着读一本心理学专业书的程度。他们会有许多理由——没时间，上班累，家里有小孩捣乱看不了太深奥书、工作压力大没心情看这么厚的书、最近在准备别的考试，等等。所以他们永远也学不了心理学，永远只是想学而已。

感谢自己，一直以来都是个拥有着惊人行动力的女性。想做的事情，就要真的去做，只停留在脑海里的话，一切都只是空谈。即使结果和预想不同，我也会后悔自己为之付出的努力。正如数年前自己毫不犹豫地选择了梦想中的心理学作为专业，又正如当年为了申请去欧洲攻读心理学硕士付出的一切努力，尽管最后出现了许多波折，结果并非皆大欢喜，但我从不后悔。这一次次向着梦想前进并为之努力的过程，让我知道，看起来仿佛遥不可及的事情，真正做起来并非是那般难以实现。

梦想，其实就在触手可及的地方，关键在于你是否尝试过向它伸出手呢？

问问人们，想去旅行吗？想背着包去远方流浪吗？想环游中国、环游世界吗？我相信大部分人会一脸憧憬地说，想。但是真正做到的人，寥寥无几。这件事最难的部分，不是钱，不是英语，而是是否真正具有这份出发的勇气。正如有位旅行者说的，当你决定要出发时，旅行中最困难的部分已经结束。

近来，愈加强烈的旅行愿望，让我开始质疑自己原先的计划。

我的计划是一年后出发，可是我现在开始问自己：是否硬要等到一年后？到了明年，是否一定能够按照自己的预想成行呢？到时候会不会出现一些未曾预想到的事情阻碍行程？

我计划明年出发去旅行，理由有二：一是目前自己手头积蓄不多，为了能够走得久一点、远一点，我得攒更多的钱，而这需要时间；二是在旅途中或是旅行归来后恐怕都得面对重新求职的问题，更足的工作经验会使我更容易找到工作，所以今年我需要在工作上做出点成绩。

而当我仔细思索这件事的时候，我却又推翻了自己的构想：对于钱，我已经有了一些，带着这笔积蓄上路，应该不至于捉襟见肘，我可以坐最便宜的火车、住最便宜的青年旅社、吃最便宜的食物，不乱花钱，不进门票高昂的景点，这样的话，我的旅程会有好长一段时日。如果在途中我逐渐掌握了一些穷游技巧，旅程或许还能再延长。我想，这已经足够了。事实上，对于第一次远游的我，旅程是否能坚持到一个月，这都是未知。规划做得太长，意义并不大。对于工作资历，多一年和少一年的差别，真的非常大吗？仔细想来倒也未必。更何况我要换行业，此前的工作经验能起的作用并不大。

其实，这些都是表面的原因。最深层的原因在于，我担心这件事一旦被拖延下去，就会像微博上所写的那句话一样——"最后，你哪儿也没去。"

　　我担心，即使是有着较高行动力的自己，面对着繁杂的俗世，是否还能将现在这份梦想保持下去？自己的梦想会不会被现实消磨光呢？一旦任何一点"意外"出现，比如爱情的突然降临，比如好的跳槽机会突至，比如家庭出现意想不到的变故，使得旅行计划未能实现，那么这梦想中的旅程又会被拖到何时？当我在人生中逐渐拥有了更多筹码，欲望也随之膨胀后，今天，我是否有勇气放下一切去远行呢？

　　我在此之前一直告诉自己因为钱和工作而不能现在就出发，其实与那些徒有羡慕之情却给自己诸多理由毫无行动的人们，不是一样的吗？

　　太多顾虑，无非庸人自扰。到最后，很可能你哪儿也没去。